"十二五"职业教育国家规划教材（经全国职业教育教材审定委员会审定）

高等职业教育精品示范教材（信息安全系列）

网络安全产品调试与部署

主　编　路　亚　李贺华

副主编　柯宗贵　石龙兴　冯德万

中国水利水电出版社
www.waterpub.com.cn

内 容 提 要

本书专注于网络安全产品的调试与部署,内容涵盖了防火墙、入侵检测、VPN、网络隔离、安全审计与上网行为管理、防病毒网关、网络存储、数据备份等常用的网络安全产品,详细介绍了其工作原理和配置方法,并结合工程案例进行应用部署。

本书共分 8 章,分别针对八类网络安全产品进行讲解,各章内容自成体系又相互关联,加强实践环节,以提高学习者的动手操作能力。

本书既可作为高职高专及应用型本科学校的信息安全技术专业学生的教材,也可作为企事业单位网络信息系统管理人员的技术参考手册、网络安全技术服务企业的培训教材。

本书配有电子教案,读者可以从中国水利水电出版社网站和万水书苑免费下载,网址为: http://www.waterpub.com.cn/softdown/和 http://www.wsbookshow.com。

图书在版编目(CIP)数据

    网络安全产品调试与部署 / 路亚, 李贺华主编. --
北京 : 中国水利水电出版社, 2014.9
    "十二五"职业教育国家规划教材. 高等职业教育精
品示范教材. 信息安全系列
    ISBN 978-7-5170-2505-4

    Ⅰ. ①网… Ⅱ. ①路… ②李… Ⅲ. ①计算机网络-
安全技术-高等职业教育-教材 Ⅳ. ①TP393.08

    中国版本图书馆CIP数据核字(2014)第215008号

策划编辑:祝智敏　责任编辑:张玉玲　加工编辑:孙 丹　封面设计:李 佳

书　名	"十二五"职业教育国家规划教材(经全国职业教育教材审定委员会审定) 高等职业教育精品示范教材(信息安全系列) **网络安全产品调试与部署**
作　者	主 编 路 亚 李贺华 副主编 柯宗贵 石龙兴 冯德万
出版发行	中国水利水电出版社 (北京市海淀区玉渊潭南路 1 号 D 座　100038) 网址:www.waterpub.com.cn E-mail:mchannel@263.net(万水) 　　　　sales@waterpub.com.cn 电话:(010)68367658(发行部)、82562819(万水)
经　售	北京科水图书销售中心(零售) 电话:(010)88383994、63202643、68545874 全国各地新华书店和相关出版物销售网点
排　版	北京万水电子信息有限公司
印　刷	三河市铭浩彩色印装有限公司
规　格	184mm×240mm　16 开本　16.25 印张　356 千字
版　次	2014 年 9 月第 1 版　2014 年 9 月第 1 次印刷
印　数	0001—4000 册
定　价	35.00 元

高等职业教育精品示范教材（信息安全系列）

丛书编委会

序　言

随着信息技术和社会经济的快速发展，信息和信息系统成为现代社会极为重要的基础性资源。信息技术给人们的生产、生活带来巨大便利的同时，计算机病毒、黑客攻击等信息安全事故层出不穷，社会对于高素质技能型计算机网络技术和信息安全人才的需求日益旺盛。党的十八大明确指出"高度关注海洋、太空、网络空间安全"，信息安全被提到前所未有的高度。加快建设国家信息安全保障体系，确保我国的信息安全，已经上升为我国的国家战略。

发展我国信息安全技术与产业，对确保我国信息安全有着极为重要的意义。信息安全领域的快速发展，亟需大量的高素质人才。但与之不相匹配的是，在高等职业教育层次信息安全技术专业的教学中，还更多地存在着沿用本科专业教学模式和教材的现象，对于学生的职业能力和职业素养缺乏有针对性的培养。因此，在现代职业教育体系的建立过程中，培养大量的技术技能型信息安全专业人才成为我国高等职业教育领域的重要任务。

信息安全是计算机、通信、数学、物理、法律、管理等学科的交叉学科，涉及计算机、通信、网络安全、电子商务、电子政务、金融等众多领域的知识和技能。因此，探索信息安全专业的培养模式、课程设置和教学内容就成为信息安全人才培养的首要问题。高等职业教育信息安全系列丛书编委会的众多专家、一线教师和企业技术人员，依据最新的专业教学目录和教学标准、结合就业实际需求，组织了以就业为导向的高等职业教育精品示范教材（信息安全系列）的编写工作。该系列教材由《网络安全产品调试与部署》、《网络安全系统集成》、《Web开发与安全防范》、《数字身份认证技术》、《计算机取证与司法鉴定》、《操作系统安全（Linux）》、《网络安全攻防技术实训》、《大型数据库应用与安全》、《信息安全工程与管理》、《信息安全法规与标准》、《信息安全等级保护与风险评估》等组成，在紧跟当代信息安全研究发展的同时，全面、系统、科学地培养信息安全类技术技能型人才。

本系列教材在组织规划的过程中，遵循以下几个基本原则：

（1）体现就业为导向、产学结合的发展道路。学科和专业同步加强，按企业需要、按岗位需求来对接培养内容。既能反映信息安全学科的发展趋势，又能结合信息安全专业教育的改革，且及时反映教学内容和教学体系的调整更新。

（2）采用项目驱动、案例引导的编写模式。打破传统的以学科体系设置课程体系、以知识点为核心的框架，更多地考虑学生所学知识与行业需求及相关岗位、岗位群的需求相一致，坚持"工作流程化"、"任务驱动式"，突出"走向职业化"的特点，努力培养学生的职业素养、职业能力，实现教学内容与实际工作的高仿真对接，真正以培养技术技能型人才为核心。

（3）专家和教师共建团队，优化编写队伍。由来自信息安全领域的行业专家、院校教师、企业技术人员组成编写队伍，跨区域、跨学校进行交叉研究、协调推进，把握行业发展和创新教材发展方向，融入信息安全专业的课程设置与教材内容。

（4）开发课程教学资源，推进专业信息化建设。从充分关注人才培养目标、专业结构布局等入手，开发补充性、更新性和延伸性教辅资料，开发网络课程、虚拟仿真实训平台、工作过程模拟软件、通用主题素材库以及名师讲义等多种形式的数字化教学资源，建立动态、共享的课程教材信息化资源库，服务于系统培养技术技能型人才。

信息安全类教材建设是提高信息安全专业技术技能型人才培养质量的关键环节，是深化职业教育教学改革的有效途径。为了促进现代职业教育体系的建设，使教材建设全面对接教学改革、行业需求，更好地服务区域经济和社会发展，我们殷切希望各位职教专家和老师提出建议，并加入到我们的编写队伍中来，共同打造信息安全领域的系列精品教材！

丛书编委会
2014 年 6 月

前　言

　　近年来，我国互联网用户数量逐年增长，中国互联网络信息中心（CNNIC）发布的第33次《中国互联网络发展状况统计报告》显示，截至2013年12月，中国网民规模达6.18亿，互联网普及率为45.8%，全国企业使用计算机办公的比例为93.1%，使用互联网的比例为83.2%。网络的普及带来网络安全问题的日益严峻，2012年，CNCERT/CC抽样监测发现，境外约有7.3万个木马或僵尸网络控制服务器，进而控制我国境内1419.7万余台主机，同时拒绝服务攻击、网络钓鱼、网站被植入后门、篡改网站数据、病毒、蠕虫等形式的攻击也很频繁并呈增长态势。计算机网络用户在被迫提高防范意识，对网络安全产品提出了更高的需求。

　　防范网络攻击，或者在网络攻击发生时降低危害，需要构筑安全防御体系，这个体系主要包含防火墙、入侵检测、防病毒网关、VPN、网络隔离、数据备份、安全审计等网络安全产品。目前，这些网络安全产品已经成为政府、银行、学校、企业等实体实施办公自动化、电子商务、电子政务等信息化建设的基本安全保障，市场对网络安全产品的需求越来越大。相应地，安全设备生产厂商、信息系统集成商、信息系统运营商、安全服务提供商以及各单位的网络管理部门，对提供网络安全产品技术支持和技术服务的专业人员的需求也与日俱增。

　　网络安全产品的调试配置与应用部署能力，成为高职信息安全技术专业学生必备的专业技能。本书专注于网络安全产品的调试与部署，全书共8章，各章内容自成体系又相互关联，加强实践环节，期望能提高学习者的动手操作能力。

　　重庆电子工程职业学院信息安全技术专业是国家示范院校建设中，唯一一个信息安全类国家级重点建设专业，蓝盾信息安全技术股份有限公司是全国知名的信息安全产品生产商。本书是二者精诚合作的成果，将专业教师的教学经验和企业工程师的工程项目经验相结合，采用"真实项目引导，工作任务驱动"的形式组织教材内容，使其更适合高等职业教育需求。书中的实训部分使用了蓝盾的一些产品和Snort等开源软件，希望能够起到以点带面的示范作用，也希望读者能举一反三，提高对安全产品的调试、部署能力。

　　本书既可作为高职高专及应用型本科的信息安全技术专业学生的教材，也可以作为企事业单位网络信息系统管理人员的技术参考手册、网络安全技术服务企业的培训教材。

　　本书由重庆电子工程职业学院路亚和李贺华任主编，蓝盾信息安全技术股份有限公司柯宗贵、石龙兴和重庆安全技术职业学院冯德万任副主编，蓝盾信息安全技术股份有限公司梁琦、代雪玲、赖小卿及重庆电子工程职业学院梁雪梅也参与了编写。本书第1～3章由路亚编写，第4章由冯德万编写，第5章由李贺华编写，第6章由重庆安全技术职业学院张永宏编写，第7～8章由蓝盾信息安全技术股份有限公司技术人员编写。此外，蓝盾信息安全技术股份有限公司工程师颜星、龙志强、彭剑刚、何超提供了部分实训材料，并参与了部分编写工作，总工韦校春和重庆电子工程职业学院计算机学院武春岭副院长负责审稿工作。

　　本书在编写过程中得到了重庆电子工程职业学院领导和同事的支持，在此表示感谢。

　　由于编者水平有限，书中疏漏之处在所难免，敬请各位读者批评指正。

编者

2014年4月

目　　录

1

防火墙产品调试与部署

知识目标

- 了解防火墙的定义和作用
- 掌握防火墙的工作原理及性能指标
- 掌握防火墙的架构和应用
- 理解防火墙的局限性

技能目标

- 能够根据项目进行方案设计
- 能够对防火墙进行部署、配置
- 能够对防火墙进行安全策略应用与测试

项目引导

📖 项目背景

（某）教育局承担着国家的教育方针、政策的执行，研究并制定地方性教育方针、政策，规划、组织、实施教学设施的建设，以及指导实施全区教育信息化建设等任务，在该区的教育信息化建设中起着极为重要的枢纽作用。

各级学校作为教育局的下属单位，承担着人才培养的任务，在网络化、信息化浪潮中，陆续连接上互联网。然而在使用网络的过程中，服务器经常受到各种攻击，严重威胁着校园网的安全。加上网络信息的良莠不齐，学生对网络内容的真假难辨，很容易让学生误入歧途。因此，学校的网络安全管理和上网行为管理成为了新的挑战。

该教育城域现有网络的整体结构遵循三级分层管理的体系结构。全区中学、小学和幼儿园将分批逐步接入该教育局网络信息中心，再通过统一出口上连到市教科网，共计 98 所学校通过光纤与教育局网络信息中心连接。该中心提供的服务主要包括 WWW 服务、FTP 服务、VOD 点播、数据库应用、防病毒服务等。城域网采用环型拓扑结构，ERRP 以太网的组网技术，实现信息中心与下属各学校单位间的互联互通；采用 VLAN 技术与 ACL 和启用 OSPF 协议对网络进行有效的分隔和提高效率。同时实现各单位拥有正式的 CERNET 地址，便于各单位进行信息发布。其现有网络拓扑图如图 1-1 所示。

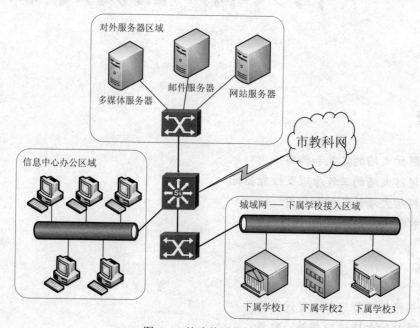

图 1-1　整改前网络拓扑图

📖 需求分析

分析现有网络环境，对网络现状进行评估，结合各学校网络环境，有效计划、设计、优化网络安全体系，以保护网络，防止系统被入侵和攻击，并提供专业的安全服务，建立信息系统安全运行维护体系，保障教育局城域网的安全运行。

企业网络安全工程师针对此项目的用户背景和需求，通过多次交流和沟通，结合单位的网络架构，分别从技术和管理的安全角度进行了风险分析，整体评估了网络中存在的安全隐患，目前网络存在的安全隐患主要有以下几个方面。

（1）缺乏对已知病毒的查杀能力。

目前，网络的接入学校尚未部署网络防病毒软件，无法提供对已知病毒的实时检测和查杀。

（2）无法防范来自教科网的网络攻击。

网络接入的学校尚未部署相应的防攻击安全产品，而学校内部可访问互联网及教育科研网的信息点较多，师生上网经常有来一些无意的黑客攻击和网络木马，导致校园网网络堵塞。

（3）网络资源滥用严重。

学生滥用教育网络资源现象较严重，比如 QQ 聊天、联网游戏、电影下载、网页浏览、BT 下载、IM 实时通信、P2P 文件共享等行为。不当的资源利用及学生非法上网行为带来了间谍软件、恶意程序和计算机病毒，导致了教育系统网络资源耗尽、内网病毒泛滥等一系列安全问题。

（4）缺乏学生上网行为监控手段。

学生到底在网上干什么？出了问题该找谁？这两大问题是每个教育管理者最关心的问题。但教育系统网络拥有最庞大的联网信息点，技术管理难度大，缺乏系统的学生网上行为监控手段。

通过以上分析，网络安全工程师认为目前亟需完成以下安全建设。

（1）建立一套完善的安全组织、管理机构。

目前，尚未建立一套完善的安全组织机构，没有相应的安全管理岗位设置、人员配备等措施。这是亟待解决的问题，需要该教育局信息中心健全机构、完善人员配备。

（2）建立一套完善的安全管理制度。

应制定信息安全工作的总体方针、政策性文件和安全策略等，说明机构安全工作的总体目标、范围、方针、原则、责任等；应建立日常管理活动中常用的安全管理制度，以规范安全管理活动，约束人员的行为。

（3）基层学校安全管理人员技术水平有待提高。

各学校的网络管理员的技术水平参差不齐，有的学校甚至根本没有专职的网络管理员，对自身网络设备的维护技术力量不足，要求他们来维护网络安全的难度比较大。

（4）需建立安全事故应急预案机制。

应在统一的应急预案框架下制定不同事件的应急预案，应急预案框架应包括启动应急预案的条件、应急处理流程、系统恢复流程及事后教育和培训等内容。

📖 方案设计

网络安全系统是整体的、动态的，要真正实现一个系统的安全，就需要建立一个从保护、检测、响应到恢复的一套全方位的安全保障体系，它集防火墙、入侵检测、安全扫描系统、内网安全保密及审计系统、基于等级保护的综合安全管理与预警平台、网络防病毒系统等于一体，在技术上将多种网络安全技术和优秀网络安全产品有机集成，实现安全产品之间的互通与联动，将是一个统一的、可扩展的安全体系平台。要实现这个完备的安全体系，需要在信息中心和各下属学校的关键网络节点部署包含防火墙、入侵检测、漏洞扫描、防病毒、安全审计等在内的各类安全产品，并实行统一管理、联动防护。

完备的安全防范体系要从防火墙做起，因为该网络首要防范的目标是来自外网的攻击，只有先阻断了来自外网的攻击，才能从容布置其他安全设备。如图 1-2 所示，在服务器区域、内网区域、市教科网区域边界，部署 1 台万兆高性能防火墙，分别连接服务器区域、办公区域和市教科网区域，实现其各区域的逻辑上的隔离，同时分担整个教育城域网的进出流量和访问控制。

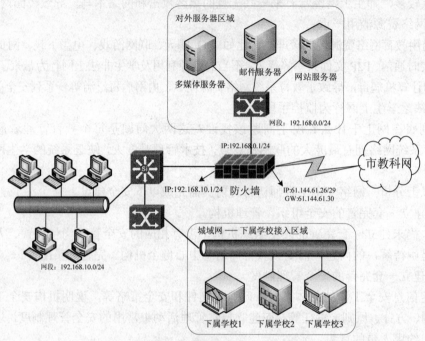

图 1-2　网络安全拓扑图

部署的蓝盾万兆高性能防火墙是新一代高速状态检测防火墙，不仅支持丰富的协议（如HTTP、FTP、SMTP、H.323、IPSec 等），还支持有害命令和不法协议的检测功能。提供高速的策略过滤、基于高速硬件过滤检测的防攻击、针对具体协议应用的状态检测、静态和动态黑名单过滤、不同策略业务的流控等特性。万兆高性能防火墙提供的丰富统计分析功能和分级分类的详细日志输出，为用户进一步跟踪非法事件提供了必要的保障。此外，该防火墙还能够和专业的 NIDS 设备联合组网，充分发挥 IDS 设备高效、全面的安全保障能力，为后续网络加固打下基础。

相关知识

1.1　防火墙概述

1.1.1　防火墙的概念

防火墙（Firewall）是一种位于内部网络与外部网络之间、专用网与公用网之间的网络安全系统，是设置在被保护网络和另外网络之间的一道屏障，实现网络的安全保护，以防止发生不可预测的、潜在破坏性的入侵，通常是由软件和硬件设备组合而成。图 1-3 为防火墙作用的示意图。

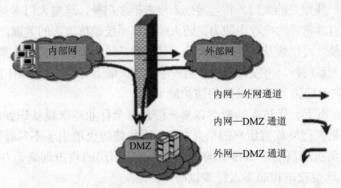

内部网 外部网

内网—外网通道

内网—DMZ 通道

DMZ

外网—DMZ 通道

图 1-3　防火墙作用示意图

安装在主机上的防火墙就是一个位于计算机及其所连接的网络之间的软件或硬件。该计算机流入/流出的所有网络通信和数据包均要经过此防火墙。

而在网络中的防火墙，是一个将内部网和公众访问网（如 Internet）分开的系统或设备，允许得到授权的人和数据进入网络，同时将未经授权的人和数据拒之门外，最大限度地阻止网络中的黑客来访问内部网络。

防火墙有两种工作姿态：默认拒绝和默认允许。

默认拒绝就是只允许明确允许的，拒绝没有特别允许的任何事情。这种姿态假定防火墙应该阻塞所有的信息。默认允许就是只拒绝明确拒绝的，允许没有特别拒绝的任何事情。这种姿态假定防火墙应该转发所有的信息。显然，前者更安全，但可能会将正常的数据拒绝掉；后者较危险，因为会有没有明确禁止但是危险的数据进入网络。

防火墙作为第一道网络安全屏障，具有如下基本特性：

（1）防火墙必须部署在网络关键节点（阻塞点、控制点）。

内部网络和外部网络之间的所有网络数据流都必须经过防火墙，这样防火墙才能起到防护作用，防火墙不能防范绕过防火墙的攻击。只有当防火墙是内、外部网络之间通信的唯一通道时，才可以全面、有效地保护企业网内部网络不受侵害。

根据美国国家安全局制定的《信息保障技术框架》，防火墙适用于用户网络系统的边界，属于用户网络边界的安全保护设备。所谓网络边界，即是采用不同安全策略的两个网络连接处，比如用户网络和互联网之间连接、与其他业务往来单位的网络连接、用户内部网络不同部门之间的连接等。防火墙的目的就是在网络连接之间建立一个安全控制点，通过允许、拒绝或重新定向经过防火墙的数据流，实现对进、出内部网络的服务和访问的审计和控制。

（2）只有符合安全策略的数据流才能通过防火墙。

防火墙最基本的功能是确保网络流量的合法性，并在此前提下将网络的流量快速地从一条链路转发到另外的链路上去。无论是包过滤防火墙还是应用代理网关，都是对经过的数据流进行检测，将不符合安全策略的进行阻断，只允许符合安全策略的数据流通过。

（3）防火墙自身不能被攻破。

防火墙就好像一座堡垒的大门，将危险的入侵者拒之门外，这扇大门本身必须非常坚固，所以防火墙自身应具有非常强的抗攻击能力。防火墙操作系统是抗攻击的关键，只有自身具有完整信任关系的操作系统才可以谈及系统的安全性。其次就是防火墙自身具有非常低的服务功能，除了专门的防火墙嵌入系统外，再没有其他应用程序在防火墙上运行，减少后门的可能性。

（4）应用层防火墙需具备更细致的防护能力。

自从 Gartner 提出下一代防火墙概念以来，信息安全行业越来越认识到应用层攻击成为当下取代传统攻击，最大程度危害用户的信息安全，而传统防火墙由于不具备区分端口和应用的能力，以至于传统防火墙只能防御传统的攻击，对于应用层的攻击则毫无办法。具体来讲，就是防火墙对数据驱动型攻击和病毒入侵难以防范。

1.1.2　防火墙的功能

防火墙对网络的保护包括以下工作：拒绝未经授权的用户访问，阻止未经授权的用户存取敏感数据，同时允许合法用户不受妨碍地访问网络资源。一个防火墙（作为阻塞点、控制点）能极大地提高一个内部网络的安全性，并通过过滤不安全的服务来降低风险。具体来讲，防火墙的功能主要包含以下几个方面。

（1）执行访问控制，强化网络安全策略。

通过以防火墙为中心的安全方案配置，能将所有安全软件（如口令、加密、身份认证、审计等）配置在防火墙上。与将网络安全问题分散到各个主机上相比，防火墙的集中安全管理更经济。例如，在网络访问时，一次一密口令系统和其他的身份认证系统完全可以不必分散在各个主机上，而集中在防火墙上。

（2）进行日志记录，管理和监控网络访问。

如果所有的访问都经过防火墙，那么，防火墙就能记录下这些访问并作出日志记录，同时也能提供网络使用情况的统计数据。当发生可疑动作时，防火墙能进行适当的报警，并提供网络是否受到监测和攻击的详细信息。收集一个网络的使用和误用情况也是非常重要的，可以清楚地看出防火墙是否能够抵挡攻击者的探测和攻击，同时网络使用统计对网络需求分析和威胁分析等而言也是非常重要的，并能够结合入侵检测系统，实现安全联动。

（3）进行路由交换和 NAT 网络地址转换，缓解地址空间短缺的问题，同时隐藏内部网络结构的细节。

隐私是内部网络非常关心的问题，一个内部网络中不引人注意的细节可能包含了有关安全的线索而引起外部攻击者的兴趣，甚至因此而暴露了内部网络的某些安全漏洞。使用防火墙就可以隐蔽那些透露内部细节（如 Finger、DNS 等）服务。利用防火墙对内部网络进行划分，可实现内部网重点网段的隔离，从而限制了局部重点或敏感网络安全问题对全局网络造成的影响。通过使用本地地址和 NAT 地址转换，可以隐藏内部网络结构的细节，这样一来主机的域名和 IP 地址就不会被外界所了解。

（4）实现数据库安全的实时防护。

数据库防火墙通过 SQL 协议分析，根据预定义的禁止和许可策略让合法的 SQL 操作通过，阻断非法违规操作，形成数据库的外围防御圈，实现 SQL 危险操作的主动预防和实时审计。

（5）支持和建立虚拟专用网络。

虚拟专用网络（VPN）是在公用网络中通过隧道技术建立专用网络的技术，现在的防火墙一般都支持 VPN，用来在企业总部和分部之间建立私有通信信道，实现安全的信息传输。

此外为了保证可靠性，防火墙还支持双机或多机热备；为了满足日益增多的语音、视频等需求，对 QoS 特性的支持和对 H.323、SIP 等多种应用协议的支持也必不可少。

1.1.3　防火墙的分类

防火墙有多种分类方法，从防火墙的组成、实现技术和应用环境等方面都可以对防火墙进行分类，加深理解。

按照防火墙的组成组件的不同，可以将防火墙分为软件防火墙和硬件防火墙。软件防火墙以纯软件的方式实现，安装在边界计算机或服务器上就可以实现防火墙的各种功能。软件防火墙有三方面的成本开销：软件的成本、安装软件的设备成本以及设备上操作系统的成本。硬件防火墙以专用硬件设备的形式出现，一般是软件和硬件相结合的方式实现，即在专用硬件设备上安装专用操作系统等软件。硬件防火墙是软硬件一体的，用户购买后不需要再投入其他费用。完全通过硬件实现的防火墙系统是防火墙技术发展的一个方向，采用 ASIC 芯片的方法在国外比较流行，技术也比较成熟，如美国 NetScreen 公司的高端防火墙产品等。

根据防火墙技术的实现平台的不同，可以将防火墙分为 Windows 防火墙、UNIX 防火墙、Linux 防火墙等。一般软件防火墙支持的平台较多，操作系统自身的复杂性和代码开放程度，决定了防火墙的开发难度。硬件防火墙使用的操作系统一般都采用经过精简和修改过内核的 Linux 或 UNIX，安全性比使用通用操作系统的纯软件防火墙要好很多，并且不会在上面运行不必要的服务，这样的操作系统基本就没有什么漏洞。但是，这种防火墙使用的操作系统内核一般是固定的，是不可升级的，因此新发现的漏洞对防火墙来说可能是致命的。

根据防火墙保护对象的不同，可以分为主机防火墙和网络防火墙。主机防火墙也称个人防火墙或 PC 防火墙，是在操作系统上运行的软件，可为个人计算机提供简单的防火墙功能。常用的个人防火墙有 Norton Personal Firewall、天网个人防火墙、瑞星个人防火墙等，个人防火墙关心的不是一个网络到另一个网络的安全，而是单个主机和与之相连接的主机或网络之间的安全。网络防火墙多为软硬件结合防火墙，部署在网络关键点、阻塞点进行网络防护，是我们重点讲述的类型。

根据防火墙的体系结构，防火墙可以分为包过滤型防火墙、双宿网关防火墙、屏蔽主机防火墙和屏蔽子网防火墙等。

从实现技术上划分，可以分为包过滤防火墙、应用代理（网关）防火墙和状态（检测）防火墙。实现技术和体系结构后面将着重讲述。

1.1.4　硬件防火墙的性能指标

硬件防火墙在选购时，要对其性能参数进行比较、选择。影响防火墙性能的主要指标有以下几点。

1. 吞吐量

吞吐量是网络设备（如路由器、交换机等）都要考虑的一个重要指标，防火墙也不例外。吞吐量就是指在没有数据帧丢失的情况下，防火墙能够接受并转发的最大速率。IETF RFC 1242 中对吞吐量做了标准的定义："The Maximum Rate at Which None of the Offered Frames are Dropped by the Device"，明确提出了吞吐量是指在没有丢包时的最大数据帧转发速率。吞吐量的大小主要由防火墙内网卡及程序算法的效率决定，尤其是程序算法，会使防火墙系统进行大量运算，通信量大打折扣。很明显，同档次防火墙的这个值越大，说明防火墙性能越好。

2. 延时

网络的应用种类非常复杂，许多应用对时延非常敏感（如音频、视频等），而网络中加入防火墙设备（也包括其他设备）必然会增加传输时延，所以较低的时延对防火墙来说是不可或缺的。测试时延是指测试仪发送端口发出数据包，经过防火墙后到接收端口收到该数据包的时间间隔，时延有存储转发时延和直通转发时延两种。

3. 丢包率

在 IETF RFC 1242 中对丢包率作出了定义，它是指在正常稳定的网络状态下应该被转发，但由于缺少资源而没有被转发的数据包占全部数据包的百分比。较低的丢包率意味着防火墙在强大的负载压力下能够稳定地工作，以适应各种网络的复杂应用和较大数据流量对处理性能的高要求。

4. TCP 并发连接数

并发连接数是衡量防火墙性能的一个重要指标。在 IETF RFC 2647 中给出了并发连接数（Concurrent Connections）的定义，它是指穿越防火墙的主机之间或主机与防火墙之间能同时建立的最大连接数。它表示防火墙（或其他设备）对其业务信息流的处理能力，反映出防火墙对多个连接的访问控制能力和连接状态跟踪能力，这个参数直接影响到防火墙所能支持的最大信息点数。和吞吐量一样，数字越大越好。但是最大连接数更贴近实际网络情况，网络中大多数连接是指所建立的一个虚拟通道。防火墙对每个连接的处理也会耗费资源，因此最大连接数成为考验防火墙这方面能力的指标。

1.1.5　防火墙和杀毒软件

防火墙与杀毒软件是不同的，它们设计的目的、防范的对象、实现方式都不同。个人防火墙出现后，个人 PC 往往同时安装个人防火墙和杀毒软件，很多人常常混淆两者的功能，下面简要介绍两者的不同之处。

（1）防火墙是位于计算机及其所连接的网络之间的软件，用来过滤计算机流入/流出网络的所有数据通信。个人防火墙是保障主机安全的一道安全屏障，可以过滤大部分网络攻击。杀毒软件是用来查杀计算机中存在的病毒或感染病毒的文件的，通过更新病毒库、特征码比较的方法查杀病毒，保障文件和文件系统安全。杀毒软件主要用来防病毒，防火墙软件用来防黑客攻击。

（2）杀毒软件和防火墙软件本身定位不同，所以在安装反病毒软件之后，还不能阻止黑客攻击，用户需要再安装防火墙类软件来保护系统安全。

（3）防范对象的表现形式不同，病毒为可执行代码，黑客攻击为网络数据流。

（4）病毒都是自动触发、自动执行、无人指使，黑客攻击是有意识、有目的的。

（5）病毒主要利用系统功能，黑客更注重系统漏洞。

（6）杀毒软件不防攻击，防火墙不杀病毒。

1.1.6　防火墙的局限性

防火墙经过合理部署和配置可以防范绝大部分的网络攻击，但是它也有很多局限性，主要表现在以下几个方面。

（1）防火墙不能防范不通过它的连接。

防火墙能够有效地防止通过它的传输信息，然而它却不能防止不通过它而传输的信息。例如，如果站点允许对防火墙后面的内部系统进行拨号访问，那么防火墙绝对没有办法阻止入侵者进行拨号入侵。就好像一个堡垒的大门紧闭，但有窗子让入侵者进来，大门就起不到作用了。

（2）不能防范来自内部的攻击。

防火墙可以禁止系统用户经过网络连接发送专有的信息，但用户可以将数据复制到磁盘、磁带上，放在公文包中带出去。如果入侵者已经在防火墙内部，防火墙是无能为力的。内部用户可以窃取数据，破坏硬件和软件，并且巧妙地修改程序而不接近防火墙。对于来自知情者的威胁，只能要求加强内部管理，如管理制度和保密制度等。

（3）不能防范所有的威胁。

防火墙是被动性的防御系统，能够防范已知的威胁，如果是一个很好的防火墙设计方案，就可以防备新的威胁，但没有一扇防火墙能自动防御所有新的威胁。

（4）不能防止传送已感染病毒的软件或文件。

防火墙一般不对通过的数据部分进行检测（只检测报头），一般不能防止传送已感染病毒的软件或文件，也不能消除网络上的病毒、木马、广告插件等。

（5）无法防范数据驱动型的攻击。

数据驱动型攻击从表面看是无害的数据被邮寄或复制到连接到网络的主机上，一旦被执行就开始攻击，可能会修改与安全相关的文件，使攻击者获得对系统的访问权。

（6）可能会限制有用的网络服务。

为了提高网络的安全性，防火墙限制或关闭了很多有用但存在安全缺陷的网络服务。而很多有用的网络服务在设计之初可能没有考虑安全性，只注重共享性和方便性，很容易被防火墙关闭。防火墙一旦限制这些服务，就会给用户带来不便。

1.2 关键技术

1.2.1 访问控制列表 ACL

访问控制是网络安全防范和保护的主要策略，它的主要任务是保证网络资源不被非法使用和访问。它是保证网络安全最重要的核心策略之一。访问控制涉及的技术也比较广泛，包括入网访问控制、网络权限控制、目录级控制及属性控制等多种手段。

访问控制列表（Access Control Lists，ACL）是应用在路由器接口的指令列表，最早在 Cisco 路由器上应用，之后得到推广。这些指令列表用来告诉路由器哪些数据包可以收、哪些数据包需要拒绝。至于数据包是被接收还是拒绝，可以由类似于源地址、目的地址、端口号等的特定指示条件来决定。访问控制列表不但可以起到控制网络流量、流向的作用，而且在很大程度上起到保护网络设备、服务器的关键作用。作为外网进入企业内网的第一道关卡，路由器上的访问控制列表成为保护内网安全的有效手段。所以路由器也有包过滤防火墙的作用。

ACL 分为标准和扩展两种。一个标准 IP 访问控制列表匹配 IP 包中的源地址或源地址中的一部分，可对匹配的包采取拒绝或允许两个操作。扩展 IP 访问控制列表比标准 IP 访问控制列表具有更多的匹配项，包括协议类型、源地址、目的地址、源端口、目的端口、建立连接的项和 IP 优先级等。在路由器的特权配置模式下输入 access-list？，可以看到如下结果：

```
Router(config)#access-list ?
<1-99>      IP standard access list
<100-199>   IP extended access list
```

可见编号范围从 1～99 的访问控制列表是标准 IP 访问控制列表。编号范围从 100～199 的访问控制列表是扩展 IP 访问控制列表。

1.2.2 网络地址转换 NAT

NAT（Network Address Translation，网络地址转换）是一个 IETF（Internet Engineering Task Force，Internet 工程任务组）标准，允许一个整体机构以一个公用 IP（Internet Protocol）地址出现在 Internet 上。顾名思义，它是一种把内部私有网络地址（IP 地址）翻译成合法网络 IP 地址的技术。

简单地说，NAT 就是在局域网内部网络中使用内部地址，而当内部节点要与外部网络进行通信时，就在网关（可以理解为出口，打个比方就像院子的门一样）处将内部地址替换成公用地址，从而在外部公网（Internet）上正常使用，NAT 可以使多台计算机共享 Internet 连接，这一功能很好地解决了公共 IP 地址紧缺的问题。通过这种方法，用户可以只申请一个合法 IP 地址，就把整个局域网中的计算机接入 Internet 中。这时，NAT 屏蔽了内部网络，所有内部网计算机对于公共网络来说是不可见的，而内部网计算机用户通常不会意识到 NAT 的存在。这里提到的内部地址，是指在内部网络中分配给节点的私有 IP 地址，这个地址只能在内部网络中使用，不能被路由。虽然内部地址可以随机挑选，但是通常使用的是下面的地址：10.0.0.0～10.255.255.255，172.16.0.0～172.16.255.255，192.168.0.0～192.168.255.255。NAT 将这些无法在互联网上使用的保留 IP 地址翻译成可以在互联网上使用的合法 IP 地址。而全局地址是指合法的公网 IP 地址，它是由 NIC（网络信息中心）或者 ISP（网络服务提供商）分配的地址，对外代表一个或多个内部局部地址，是全球统一的可寻址的地址。

NAT 有三种类型：静态地址转换（Static NAT）、动态地址转换（Dynamic NAT）、网络地址端口转换 NAPT。

其中静态 NAT 是设置起来最为简单且最容易实现的一种，内部网络中的每个主机都被永久映射成外部网络中的某个合法的地址，通常这种映射是一对一的。

动态 NAT 则是在外部网络中定义了一系列的合法地址，采用动态分配的方法映射到内部网络，这一系列的合法地址也被称为地址池，所以动态 NAT 也被称为地址池转换（Pooled NAT）。它为每一个内部 IP 地址分配一个临时的外部 IP 地址，主要应用于拨号，对于频繁的远程连接也可以采用动态 NAT。当远程用户连接上之后，动态 NAT 就会分配给他一个 IP 地址，用户断开时，这个 IP 地址就会被释放而待以后使用。

网络地址端口转换（Network Address Port Translation，NAPT）是把内部地址映射到外部网络的一个 IP 地址的不同端口上，这样就可以将中小型的网络隐藏在一个合法的 IP 地址后面。NAPT 与前两者的不同在于，IP 地址基础上增加了端口地址转换。端口地址转换（Port Address Translation，PAT）采用端口多路复用方式，使内部网络的所有主机均可共享一个合法外部 IP 地址实现对 Internet 的访问，从而可以最大限度地节约 IP 地址资源。同时，又可隐藏网络内部的所有主机，有效避免来自 Internet 的攻击。因此，目前网络中应用最多的就是 NAPT。

在 Internet 中使用 NAPT 时，所有不同的信息流看起来好像来源于同一个 IP 地址。这个优点在小型办公室内非常实用，通过从 ISP 处申请的一个 IP 地址，将多个连接通过 NAPT 接入 Internet。实际上，许多 SOHO 远程访问设备支持基于 PPP 的动态 IP 地址。这样，ISP 甚至不需要支持 NAPT，就可以做到多个内部 IP 地址共用一个外部 IP 地址上的 Internet。

在进行网络地址转换时，又分两种不同的应用场合：源地址转换（SNAT）和目标地址转换（DNAT）。

当内部地址要访问公网上的服务时（如 Web 访问），内部地址会主动发起连接，由路由器或者防火墙上的网关对内部地址做地址转换，将内部地址的私有 IP 转换为公网的公有 IP，网关的这个地址转换称为 SNAT，主要用于内部共享 IP 访问外部。这种应用场合通常使用静态 NAT 或者动态 NAT。

当内部需要提供对外服务时（如对外发布 Web 网站），外部地址发起主动连接，由路由器或者防火墙上的网关接收这个连接，然后将连接转换到内部，此过程是由带有公网 IP 的网关替代内部服务来接收外部的连接，然后在内部做地址转换，此转换称为 DNAT，主要用于内部服务对外发布。这时通常应用的是 NAPT，使用不同的端口可以接入内网不同的应用服务器。

1.2.3 包过滤技术

包过滤防火墙又称筛选路由器（Screening router）或网络层防火墙（Network level firewall），它是对进出内部网络的所有信息进行分析，并按照一定的安全策略——信息过滤规则，对进、出内部网络的信息进行限制，允许授权信息通过，拒绝非授权信息通过。信息过滤规则是以其所收到的数据包头信息为基础，比如 IP 数据包源地址、IP 数据包目的地址、封装协议类型（TCP、UDP、ICMP 等）、TCP/IP 源端口号、TCP/IP 目的端口号、ICMP 报文类型等，当一个数据包满足过滤规则，则允许此数据包通过，否则拒绝此数据包通过，相当于此数据包所要到达的网络物理上被断开，起到了保护内部网络的作用。采用这种技术的防火墙的优点在于速度快、实现方便，但安全性能差，且由于不同操作系统环境下 TCP 和 UDP 端口号所代表的应用服务协议类型有所不同，故兼容性差，如图 1-4 和图 1-5 所示。

图 1-4 包过滤防火墙 TCP、IP 检查

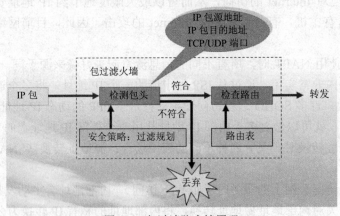

图 1-5 包过滤防火墙原理

包过滤是防火墙所要实现的最基本功能，现在的防火墙已经由最初的地址、端口判定控

制，发展到判断通信报文协议头的各部分，以及通信协议的应用层命令、内容、用户认证、用户规则甚至状态检测等。

1.2.4　代理服务技术

代理服务技术（Proxy）的原理是在网关计算机上运行应用代理程序，运行时由两部分连接构成：一部分是应用网关同内部网用户计算机建立的连接；另一部分是代替原来的客户程序与服务器建立的连接。通过代理服务，内部网用户可以通过应用网关安全地使用 Internet 服务，而对于非法用户的请求将予以拒绝。代理服务技术与包过滤技术的不同之处在于内部网和外部网之间不存在直接连接，同时提供审计和日志服务。

内部网络只接受代理服务器提出的服务请求，拒绝外部网络其他节点的直接请求，代理服务器其实是外部网络和内部网络交互信息的交换点，当外部网络向内部网络的某个节点申请某种服务时，比如 FTP、Telnet、WWW 等，先由代理服务器接受，然后代理服务器根据其服务类型、服务内容、被服务的对象及其他因素，如服务申请者的域名范围、时间等，决定是否接受此项服务，如果接受，就由代理服务器内部网络转发这项请求，并把结果反馈给申请者，否则就拒绝。根据其处理协议的功能可分为 FTP 网关型防火墙、Telnet 网关型防火墙、WWW 网关型防火墙等，它的优点在于既能进行安全控制又可以加速访问，安全性好，但实现比较困难，对于每一种服务协议必须为其设计一个代理软件模块来进行安全控制。应用层网关级防火墙工作原理如图 1-6 所示。

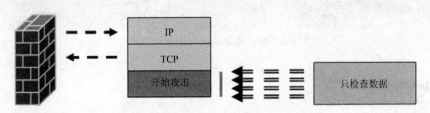

图 1-6　应用网关防火墙 TCP、IP 检查

1.2.5　状态监测技术

状态检测包过滤的技术是传统包过滤上的功能扩展。状态检测是在网络层检查引擎截获数据包并抽取出与应用层状态有关的信息，并以此为依据决定对该连接是接受还是拒绝。在防火墙的核心部分建立状态连接表，并将进出网络的数据当成一个个会话，利用状态表跟踪每一个会话状态。状态监测对每一个包的检查不仅根据规则表，更考虑了数据包是否符合会话所处的状态。其原理如图 1-7 和图 1-8 所示。

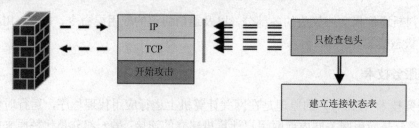

图 1-7 状态检测防火墙 TCP、IP 检查

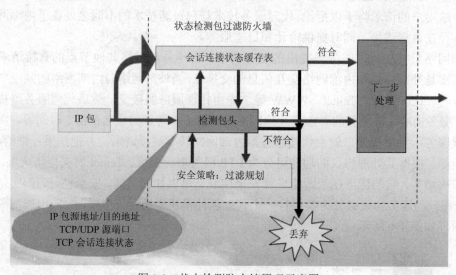

图 1-8 状态检测防火墙原理示意图

1.3 防火墙结构

1.3.1 包过滤型结构

包过滤型结构也被称为筛选路由器结构，是最基本的一种结构，只使用一台路由器就可以实现。它一般作用在网络层（IP 层），按照一定的安全策略，对进出内部网络的信息进行分析和限制，实现报文过滤功能。该防火墙优点在于速度快等，但安全性能差，如图1-9 所示。

图 1-9 包过滤型结构示意图

1.3.2 双宿/多宿网关结构

双宿/多宿网关结构是用一台装有两块/多块网卡的堡垒主机构成防火墙。通常一个网络接口连到外部的不可信任的网络上，另一个网络接口连接到内部的可信任网络上。堡垒主机上运行着防火墙软件，可以转发应用程序、提供服务等。切断路由功能，用堡垒主机取代路由器执行安全控制功能，内、外网络之间的 IP 数据流被双宿主主机完全切断，防止内部网络直接与外网通信。一旦黑客侵入堡垒主机并使其具有路由功能，防火墙将变得无用，如图 1-10 所示。

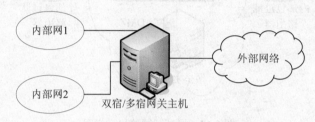

图 1-10 双宿/多宿网关结构示意图

1.3.3 屏蔽主机结构

屏蔽主机防火墙由包过滤路由器和堡垒主机组成，堡垒主机配置在内部网络，包过滤路由器则放置在内部网络和外部网络之间。

屏蔽主机防火墙强迫所有的外部主机与一个堡垒主机相连，而不让它们直接与内部主机相连。在路由器上进行规则配置，使得外部系统只能访问堡垒主机，去往内部系统上其他主机的信息全部被阻塞。由于内部主机和堡垒主机处于同一个网络，内部系统是否允许直接访问Internet，或者是要求使用堡垒主机上的代理服务来访问，由机构的安全策略来决定。对路由器的过滤规则进行设置，使得其只接受来自堡垒主机的内部数据包，就可以强制内部用户使用代理服务，如图 1-11 所示。

图 1-11 屏蔽主机结构示意图

1.3.4 屏蔽子网结构

屏蔽子网是目前较流行的一种结构，采用了两个包过滤路由器和一个堡垒主机，在内外网络之间建立了一个被隔离的子网，定义为"非军事区 DMZ"，有时也称为周边网，用于放置堡垒主机以及 Web 服务器、Mail 服务器等公用服务器，如图 1-12 所示。

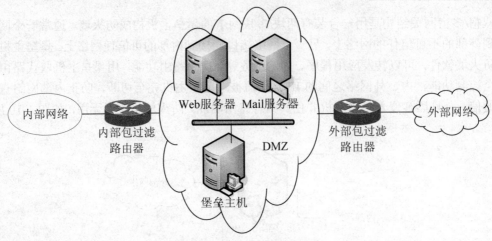

Web服务器　Mail服务器

内部网络　内部包过滤路由器　DMZ　外部包过滤路由器　外部网络

堡垒主机

图 1-12　屏蔽子网结构示意图

内部网络和外部网络均可访问屏蔽子网，但禁止它们穿过屏蔽子网通信。在这一配置中，即使堡垒主机被入侵者控制，内部网仍受到内部包过滤路由器的保护。

外部路由器拥有防范通常的外部攻击，并管理外部网到 DMZ 网络的访问，它只允许外部系统访问堡垒主机（还可能有信息服务器）。

内部路由器又称为阻塞路由器，位于内部网和 DMZ 之间，提供第二层防御，用于保护内部网络不受 DMZ 和 Internet 的侵害。它负责管理 DMZ 到内部网络的访问（只接受源于堡垒主机的数据包）以及内部网络到 DMZ 网络的访问。它执行了大部分的过滤工作。

堡垒主机上则可以运行各种各样的代理服务程序。

1.4　硬件防火墙系统部署

在部署硬件防火墙之前，需要对现有网络结构以及网络应用作详细的了解，然后根据网络业务系统的实际需求制定防火墙策略，以便能够在提高网络安全的同时不影响业务系统的性能，在进行防火墙安全策略制定的过程，中需要业务应用人员以及相关的行政领导的配合与支持。那么如何制定一个比较实用而又合适的防火墙策略呢？首先要进行网络拓扑结构的分析，确定防火墙的部署方式及部署位置；其次是根据实际的应用和安全的要求，划定不同的安全功能区域，并制定各个安全功能区域之间的访问控制策略；最后是制定管理策略，特别是对于防火墙的日志管理、自身安全性管理。在防火墙具体实施中，按照制定好的防火墙策略做就行了。

防火墙通常有三种工作模式：透明模式、路由模式、混合模式。三种工作模式各有其优、缺点，详细说明如表 1-1 所示。

表 1-1　防火墙工作模式

工作模式	优点	缺点
透明模式	不需要更改现有网络结构,不会影响业务系统运行，部署简单方便	不提供路由功能,不提供 NAT、PAT 等地址映射功能
路由模式	提供路由器功能,减少投入成本；提供 NAT、PAT 等地址映射功能；支持 VLAN	需要改变现有网络结构,有可能会对现有的业务系统造成影响
混合模式	包含了前两种模式的优点,弥补了它们的缺点	

1.4.1　路由模式

当防火墙位于内部网络和外部网络之间时，需要将防火墙与内部网络、教科网网络以及 DMZ 三个区域相连的接口分别配置成不同网段的 IP 地址，重新规划原有的网络拓扑，此时相当于一台路由器。防火墙的信任区域接口与公司内部网络相连，不受信任区域接口与外部网络相连。值得注意的是，信任区域接口和不受信任区域接口分别处于两个不同的子网中，如图 1-13 所示。

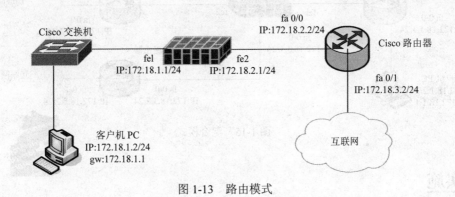

图 1-13　路由模式

1.4.2　透明模式

透明模式，顾名思义，首要的特点就是对用户是透明的（Transparent），即用户意识不到防火墙的存在。采用透明模式时，只需在网络中像放置网桥（Bridge）一样插入该防火墙设备即可，无须修改任何已有的配置。与路由模式相同，IP 报文同样经过相关的过滤检查（但是 IP 报文中的源或目的地址不会改变），内部网络用户依旧受到防火墙的保护，如图 1-14 所示。

1.4.3　混合模式

如果硬件防火墙既存在工作在路由模式的接口（接口具有 IP 地址），又存在工作在透明模式的接口（接口无 IP 地址），则防火墙工作在混合模式下。混合模式主要用于透明模式作双机备份的情况，此时启动 VRRP（Virtual Router Redundancy Protocol，虚拟路由冗余协议）功能的接口需要配置 IP 地址，其他接口不配置 IP 地址，如图 1-15 所示。

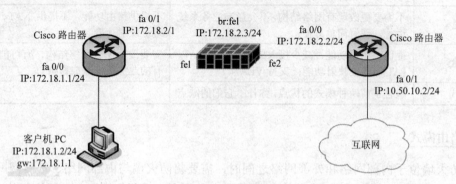

图 1-14　透明模式

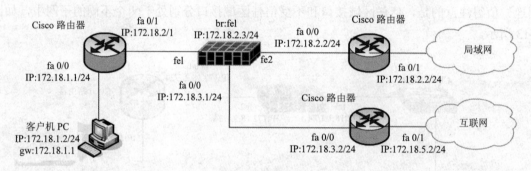

图 1-15　混合模式

任务实施

1.5　项目实训

　　根据本章开头所述具体项目的需求分析与整体设计，现以项目中与防火墙相关的一部分拓扑为例，进行防火墙部署和调试实训，网络拓扑图如图 1-16 所示。

　　在服务器区域、内网区域、市教科网区域边界部署一台防火墙设备。配置防火墙实现如下功能：

　　（1）该设备具备 4 个标准网络接口，将其中 3 个独立安全区域分别连接服务器区域、办公区域和市教科网区域，实现其各区域逻辑上的隔离。

　　（2）根据访问需要，在防火墙上配置相应的地址转换规则，使内部办公区域、服务器区域访问市教科网，这样可大大提高防火墙的性能与内网的隐蔽性。

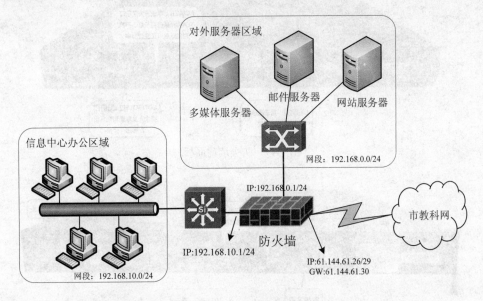

图 1-16   防火墙部署拓扑图

（3）配置防火墙的访问控制规则，建议对于服务器的访问，仅对内网、教科网开放所需要使用的端口，关闭其他所有不必要的端口。

1.5.1   任务 1：认识硬件及基础操作方法

为能更深入地结合防火墙产品，实际进行硬件防火墙的配置，本章采用蓝盾防火墙进行实践操作，通过对该设备的配置，实现前面所述的需求分析和方案设计。为此先了解一下防火墙的基本配置方法。

在一般的防火墙的配置里，常见配置步骤为：防火墙初步认识→防火墙初始化配置→网络接口配置→部署方式配置→访问控制规则配置→设备关机。

1．了解防火墙硬件系统

（1）了解防火墙系统前面板，如图 1-17 所示，主要包含四个网络接口、一个 CONSOLE口和两个指示灯。

（2）仔细观察防火墙系统后面板，如图 1-18 所示。

（3）了解防火墙的初始配置参数，如表 1-2 所示为防火墙出厂配置参数，不同厂商、不同型号的防火墙产品，出厂参数一般都不相同，具体要参考设备手册。

其中，LAN1 为默认管理口，默认地打开了 81 端口（HTTP）和 441 端口（HTTPS）以供管理防火墙使用。本实验我们利用网线连接 LAN1 口与管理 PC，并设置好管理 PC 的 IP 地址。默认所有配置均为空，可在管理界面得到防火墙详细的运行信息。

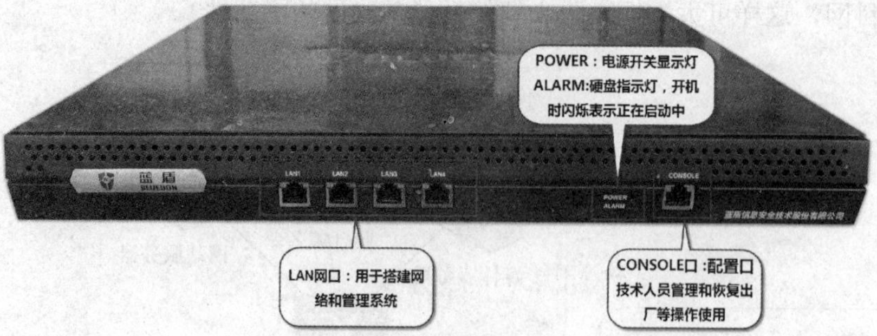

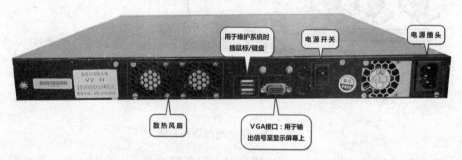

图 1-17　防火墙前面板

图 1-18　防火墙后面板

表 1-2　防火墙初始参数

网口	IP 地址	掩码	备注
LAN1	192.168.0.1	255.255.255.0	默认管理口
LAN2	无	无	可配置口
LAN3	无	无	可配置口
LAN4	无	无	可配置口

2. 利用浏览器登录防火墙管理界面

（1）将 PC 与防火墙的 LAN1 网口连接起来，我们将使用这条网线访问防火墙并进行配置。当需要连接内部子网或外线连接时，也只需要将线路连接在对应网口上，只是要根据具体情况进行 IP 地址设置。

（2）客户端 IP 设置，这里以 Windows XP 为例进行配置。打开网络连接，设置本地连接 IP 地址，如图 1-19 所示。这里的 IP 地址设置的是 192.168.0.100，这是因为所连端口 LAN1 的 IP 是 192.168.0.1，IP 必须设置在相同地址段上。

（3）单击"开始"→"运行"命令，输入 CMD，打开命令行窗口，使用 ping 命令测试防火墙和管理 PC 间是否能互通，如图 1-20 和图 1-21 所示。

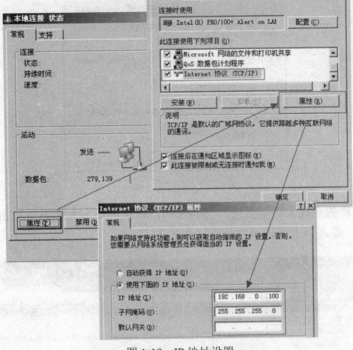

图 1-19　IP 地址设置

图 1-20　命令提示符

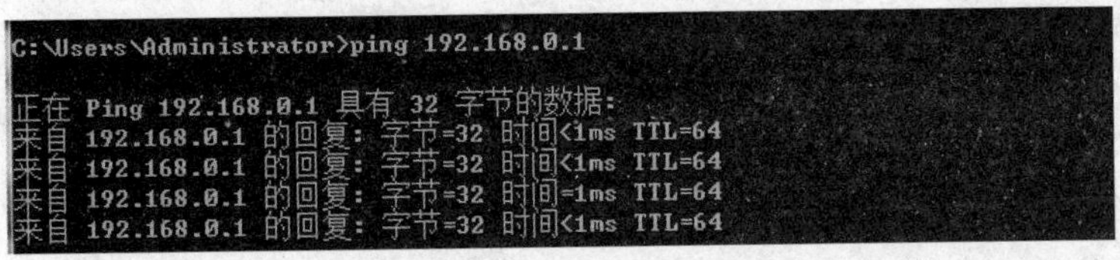

```
C:\Users\Administrator>ping 192.168.0.1

正在 Ping 192.168.0.1 具有 32 字节的数据:
来自 192.168.0.1 的回复: 字节=32 时间<1ms TTL=64
来自 192.168.0.1 的回复: 字节=32 时间<1ms TTL=64
来自 192.168.0.1 的回复: 字节=32 时间<1ms TTL=64
来自 192.168.0.1 的回复: 字节=32 时间<1ms TTL=64
```

图 1-21　测试互访结果

（4）打开 IE 浏览器，输入管理地址 http://192.168.0.1:81 或 https://192.168.0.1:441，进入欢迎界面。注意协议和端口的对应关系。

如果是通过 HTTPS 访问，会出现安全证书提示，如图 1-22 所示。单击"是"按钮，会出现登录窗口。

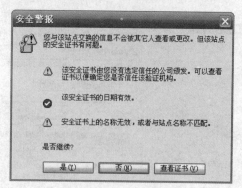

图 1-22　安全证书提示

（5）在防火墙的欢迎界面输入用户名和密码，默认用户名和密码为 admin 和 888888，单击"登录"按钮，进入防火墙管理系统，如图 1-23 所示。

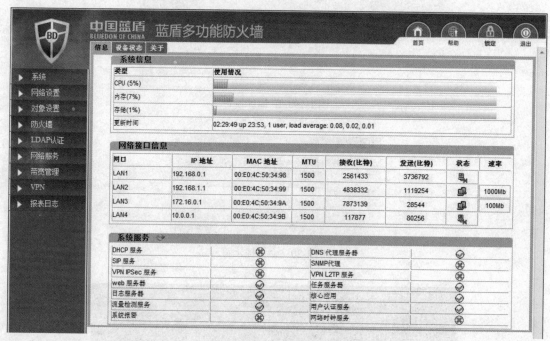

图 1-23　防火墙管理主界面

3. 防火墙配置的基本操作

（1）网络地址、子网和端口。

IP 地址定义格式为 192.168.0.1。

IP 地址范围指在一个 IP 网段连续的 IP 地址，也可以跨越不同的子网，定义格式为192.168.0.1～192.168.0.168。

子网定义为在同一网络的 IP 地址段，格式为任一 IP 地址和掩码地址，有两种定义方式：192.168.0.0/255.255.255.0 和 192.168.0.0/24。

端口是服务的端口（范围为 1~65535），防火墙中已经预定义了常用的端口，也提供自定义端口，端口定义格式如 21。

端口范围定义格式为 137:139。

（2）描述。

防火墙中，几乎所有的配置都可以在"描述"栏加入备注信息，主要是为了管理员方便记忆和识别，不具有操作意义，如图 1-24 所示。

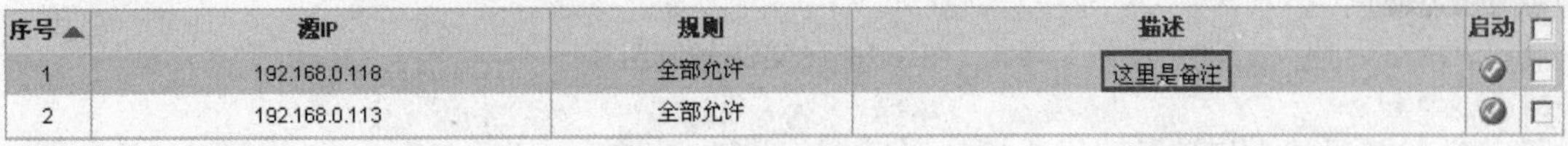

序号 ▲	源IP	规则	描述	启动	☐
1	192.168.0.118	全部允许	这里是备注	◉	☐
2	192.168.0.113	全部允许		◉	☐

图 1-24　描述备注

（3）视图操作。

防火墙有一部分内容（如报表视图）小标题左侧有加减号，通过单击该符号可以起到展开或收起的作用，可以使视图更为简洁明了，如图 1-25 所示。

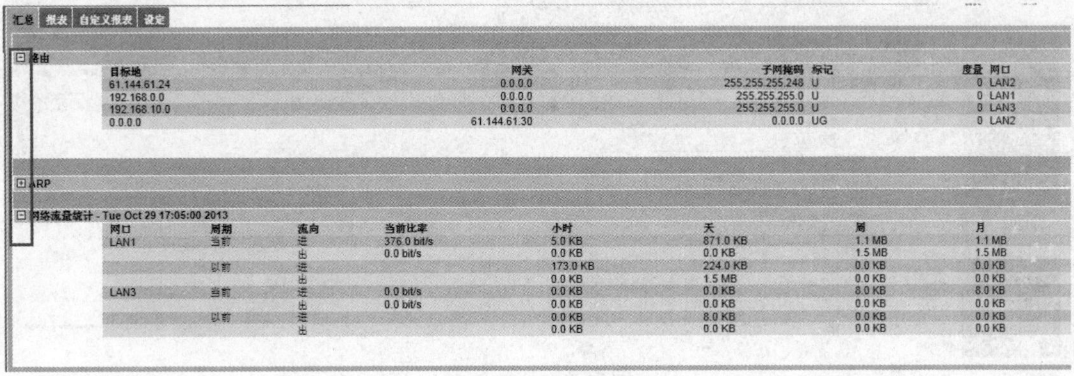

图 1-25　视图操作

（4）创建、编辑、删除规则。

防火墙中需要对规则进行操作，比如 NAT、屏蔽 IP、管理界面访问权限等，典型的规则配置过程如下（以 SNAT 策略为例）：

添加策略：在"增加设置"中设置相应参数，单击"保存"按钮，则在"设置列表"添加了一个规则，如图 1-26 所示。

编辑现有的规则：在"设置列表"中勾选（只能单选）一个要编辑的规则，如图 1-27 所示。

单击"编辑"按钮，则在"编辑规则"中出现要编辑的规则，如图 1-28 所示。

Chapter 1

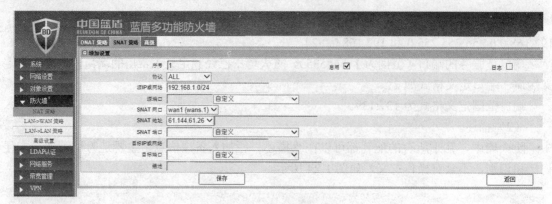

图 1-26　SNAT 规则图

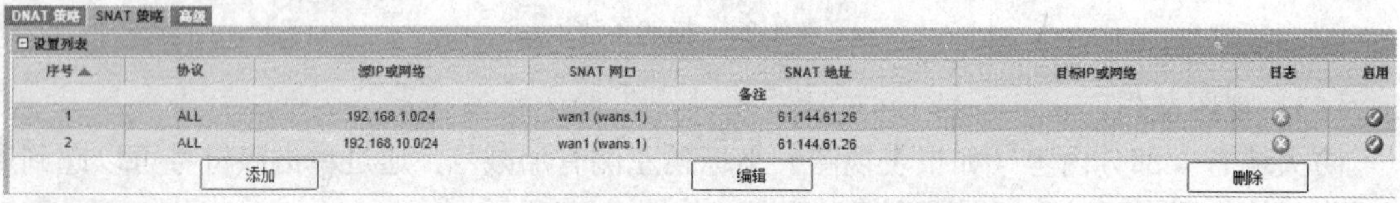

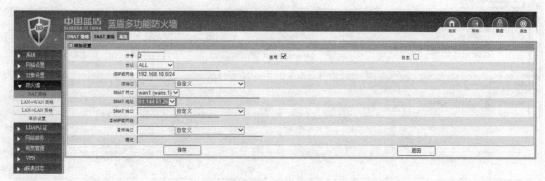

图 1-27　规则列表

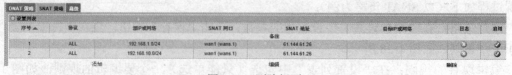

图 1-28　编辑规则

删除现有规则：在"设置列表"中勾选（支持多选）要删除的规则，单击"删除"按钮，如图 1-29 所示。

图 1-29　删除规则

（5）网络配置。

进入网口配置界面，选择"网络设置"→"网口设置"→"网口"命令，可根据实际实验情况，自设定任何网口（除默认管理口外）为内网接口和教科网接口，并对其配置 IP；保存后重启，如图 1-30 所示。

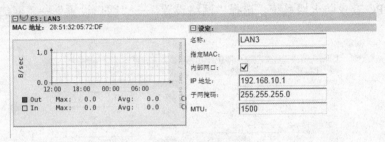

图 1-30 网口配置

（6）设备关闭、重启。

进入设备关闭、重启界面，选择"系统"→"系统维护"→"系统关闭"命令，可根据实际状况，对设备进行立即或者定时关闭、重启设备进行相应的选择，如图 1-31 所示。

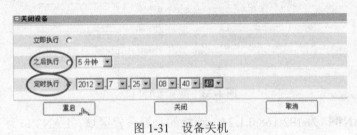

图 1-31 设备关机

1.5.2 任务 2：防火墙部署

1. 配置 SNAT

（1）将防火墙按照防火墙部署拓扑（见图 1-16）接入当前网络，由市教科网引入的外线接防火墙 LAN2 口，由二层交换机（即服务器区域）引出的内部网线接防火墙 LAN1 口，由三层交换机（即办公区域）引出的内部网线接防火墙 LAN3 口。

（2）从内部网络中的任一台 PC 无法再 ping 通教科网机器（IP：61.144.61.30），如图 1-32 所示。

图 1-32 测试教科网互访

☞为什么 ping 不通呢？由于 NAT 模式没启用、内教科网口还没配置，需配置防火墙。

（3）配置 LAN 口。

通过管理 PC 登录防火墙系统，选择"网络设置"→"网口设置"→"网口"命令，如图 1-33 所示。

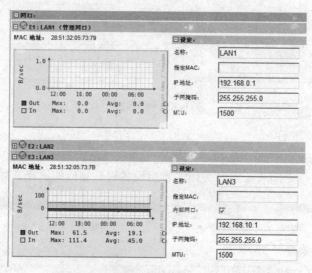

图 1-33　配置 LAN 口

这里配置 LAN1 口为 192.168.0.1/24，连接的是服务器区域；LAN3 口为 192.168.10.1/24，连接的是办公区域。配置完网口，单击"保存"按钮，最后单击"启动"按钮，让网卡重新激活，启动网卡，如图 1-34 所示。

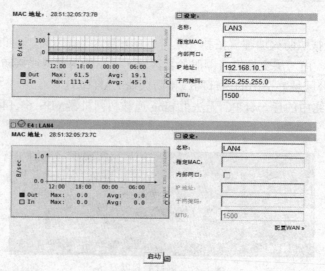

图 1-34　启动防火墙网卡

（4）配置 WAN 口。

选择"网络设置"→"WAN 设置"→"WAN 连接"命令，进行配置教科网 IP（61.144.61.26），然后单击"保存并连接"按钮，如图 1-35 所示。

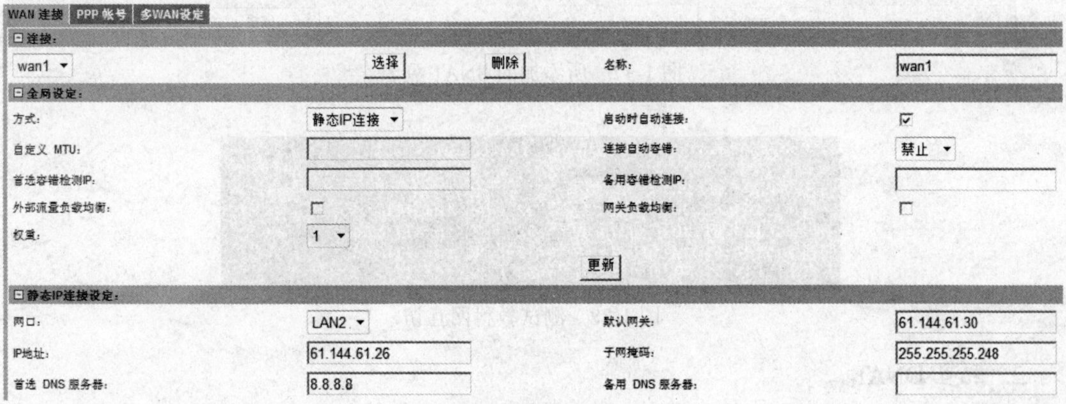

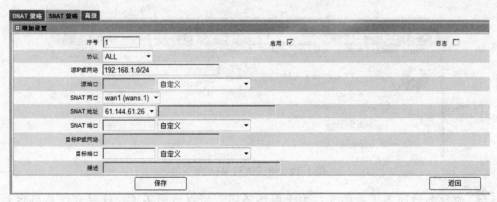

图 1-35　配置 WAN 口

（5）配置 SNAT 模式。

进入 SNAT 配置界面，选择"防火墙"→"NAT 策略"→"SNAT 策略"命令，选择"添加策略"，使该网段可以访问到外面（即教科网），如图 1-36 所示。

图 1-36　配置 SNAT 策略

这边需要添加两条 SNAT 策略，把要访问教科网的两个区域（服务器区域和内网办公区域）的网段转换为防火墙的教科网口地址（IP：61.144.61.26），使两个区域可以访问教科网，如图 1-37 所示。

（6）测试办公网 PC 访问教科网。

这里以办公区域的 PC（192.168.10.100/24）为例来测试是否能访问教科网，故此在命令提示符输入 ping 61.144.61.30，如图 1-38 所示。

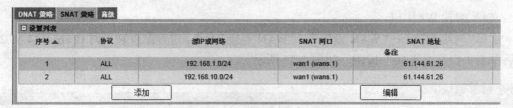

序号 ▲	协议	源IP或网络	SNAT 网口	SNAT 地址
				备注
1	ALL	192.168.1.0/24	wan1 (wans.1)	61.144.61.26
2	ALL	192.168.10.0/24	wan1 (wans.1)	61.144.61.26

图 1-37　所添加的 SNAT 列表

图 1-38　测试教科网互访

2. 配置 DNAT

现在防火墙已设置 SNAT 策略，办公区域和服务器区域都能访问教科网。考虑到项目另有要求：市教科网只能访问服务器区域中服务器的应用端口，而不能访问其他端口，防止网络攻击。下面以访问服务器区域的 Web 服务器（IP：192.168.0.100）为例进行配置。

（1）检验加入后网络状况，从教科网网络中的 PC 无法访问服务器区域网络的 Web 服务器（IP：192.168.0.100）的网站，如图 1-39 所示。

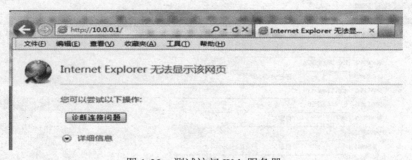

图 1-39　测试访问 Web 服务器

☞为什么访问不了页面呢？由于网络不同，所以访问不了，这时可以启用防火墙的 DNAT 策略。

（2）配置 DNAT 模式。

进入 DNAT 配置界面，选择"防火墙"→"NAT 策略"→"DNAT 策略"命令，选择"添加策略"，如图 1-40 所示。

添加后的 DNAT 策略如图 1-41 所示。

（3）测试教科网访问 Web 服务器。

在 IE 输入 http://61.144.61.26，61.144.61.26 为防火墙教科网口地址，如图 1-42 所示。

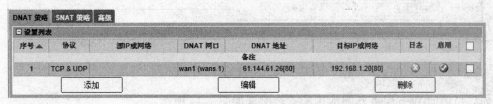

| DNAT 策略 | SNAT 策略 | 高级 |

增加设置

序号	1		启用 ☑		日志 ☐
协议	TCP & UDP ▼				
源IP或网络					
源端口		自定义 ▼			
DNAT 网口	wan1 (wans.1) ▼				
DNAT 地址	61.144.61.26 ▼				
DNAT 端口	80	HTTP (80) ▼			
目标IP或网络	192.168.1.20				
目标端口	80	HTTP (80) ▼			
描述					

保存　　　　　　　　　　　　　　返回

图 1-40　配置 DNAT 策略

| DNAT 策略 | SNAT 策略 | 高级 |

设置列表

序号	协议	源IP或网络	DNAT 网口	DNAT 地址	目标IP或网络	日志	启用	☐
				备注				
1	TCP & UDP		wan1 (wans.1)	61.144.61.26[80]	192.168.1.20[80]	✖	✔	☐

添加　　　　　　　　　　　编辑　　　　　　　　　　　删除

图 1-41　添加 DNAT 策略表

图 1-42　测试访问 Web 服务器

1.5.3 任务3：防火墙策略配置

1. 访问策略配置

内网办公区域 PC（192.168.10.2/24），无法访问服务器区域（也可称为 DMZ 区域）中的 Web 服务器（IP：192.168.0.100），这是由于防火墙 LAN-LAN 策略默认拒绝，需配置防火墙，添加"内部策略"，选择"防火墙"→"LAN→LAN 策略"→"访问策略"命令，添加一条允许的访问规则，如图 1-43 所示。

图 1-43　LAN→LAN 策略配置

如只是访问 Web 服务器的应用配置，配置如图 1-44 所示。

图 1-44　LAN→LAN 策略只访问服务器

☞ 源网口、目标网口要与源 IP 和目标 IP 相对应

在防火墙配置中，除了在上面的访问策略中配置策略，同时也可以在高级策略里配置策略，例如按照项目要求让办公区域只能访问服务器的相关应用端口，下面以只能访问 Web 服务器的应用端口为例，介绍在高级策略中的配置。

2. 高级策略配置

首先配置允许策略，让办公机器（IP：192.168.10.2）能访问服务器区域网的 Web 服务器（IP：192.168.0.100）的应用服务，如图 1-45 所示。

然后配置全部拒绝策略，使除了刚才配置的策略之外其他的都拒绝，如图 1-46 所示。

3. 测试访问 Web 服务器

在 IE 输入 http://192.168.0.100，192.168.0.100 为服务器区域的 Web 服务器，这时网络也是通的，即页面可以正常打开。

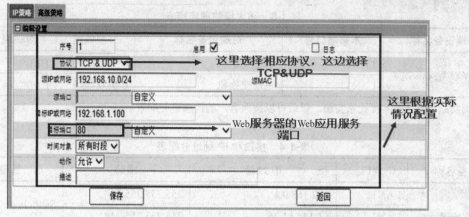

图 1-45   高级策略中允许配置策略

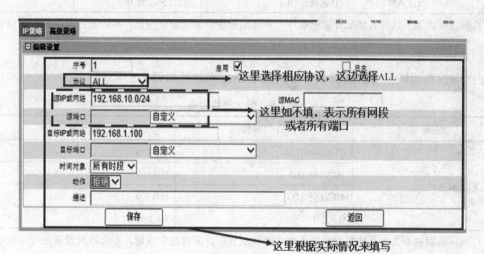

图 1-46   高级策略拒绝配置策略

1.6   项目实施与测试

1.6.1   任务 1：防火墙规划

根据项目建设的要求，对防火墙进行物理连接、接口和 IP 地址分配、路由表及防火墙策略规划。

1. 接口规划

根据现有网络结构，对某教育局城域网防火墙的物理接口互连做如表 1-3 和表 1-4 的设计。

表 1-3　防火墙物理连接表

本端设备名称	本端端口号	对端设备名称	互联线缆	对端端口号
ZZGLYYFW-xx	LAN1	二层交换机	6 类双绞线	E1/0/1
	LAN3	三层交换机	6 类双绞线	E1/0/2

注：因实施环境不具备而无法实施，以后可以按照客户的需求进行配置。

表 1-4　接口和 IP 地址分配表

设备名称	端口	IP 地址	掩码	管理
ZZGLYYFW-xx	LAN1	192.168.0.1	255.255.255.0	Ssh/telnet/ http/https
	LAN2	61.144.61.26	255.255.255.248	
	LAN3	192.168.10.1	255.255.255.0	

注：目前环境因素不具备具体配置实施条件，整体配置在后期建设中规划，本阶段对设备进行加电处理。

2. 路由规划

根据该教育局城域网的情况，现对防火墙路由规划做如表 1-5 所示配置。

表 1-5　防火墙路由表

设备	目的网段	下一跳地址
ZZGLYYFW-xx	61.144.61.24	0.0.0.0
	192.168.0.0	0.0.0.0
	192.168.10.0	0.0.0.0
	0.0.0.0	61.144.61.30

注：目前环境因素不具备具体配置实施条件，整体配置在后期建设中规划，本阶段对设备进行加电处理。

1.6.2　任务 2：网络割接与防火墙实施

在项目实施过程中按照以下步骤实施，在项目实施之前确保已经做好防火墙配置。

1. 割接前准备

（1）确认当前公立医院区网络运行正常。

（2）确认防火墙状态正常。

（3）确认防火墙配置情况。

（4）进行割接前业务测试，且记录测试状态。

2. 网络割接

网络割接主要分为三个步骤：

（1）晚上 23:00～23:59 进入机房做割接前策略配置检查和交换机测试。

（2）凌晨 0:00～0:30 为割接时间，尽量不影响用户使用网络。

（3）将相关线路接到防火墙相关接口，接口对应见表 1-3。

3. 测试

（1）测试终端 PC 到防火墙的连通性（可 ping 防火墙接口地址）。

（2）对预订好的业务进行测试，且对比割接前网络状态，查看是否网络异常。

（3）进行防火墙策略测试。

4. 实施时间表

实施计划如表 1-6 所示，整个项目实施过程将导致网络中断 30 分钟左右；实施耗时大概为 90 分钟，其中前 60 分钟工作可作为准备工作，以便提前完成。

表 1-6　防火墙实施时间表

步骤	动作	详情	业务中断时间（分钟）	耗时（分钟）
1	设备上架前检查	防火墙加电检查 防火墙软件检查 防火墙配置检查	0	20
2	实施条件检查确认	防火墙机架空间/挡板准备检查 网线部署检查 电源供应检查	0	10
3	设备上架	根据项目规划将设备上架 接通电源，并确认设备正常启动完成	0	30
4	防火墙上线	上线防火墙	5	5
		防火墙状态检查	10	10
		业务检查及测试	15	15

5. 回退

经测试发现割接未成功，则执行回退。回退步骤如下：

（1）拔出防火墙上所接所有线路。

（2）将汇聚交换机与内部交换机之间的线路进行连接。

（3）业务连接测试。

综合训练

一、填空题

1. 防火墙是一种位于_____和_____之间的网络安全系统。

2. 防火墙可以分为_____、_____、_____三大类。

3. 防火墙常用的工作模式有_____、_____、_____。

4. 从技术角度讲，NAT 是一种把内部私有网络地址（IP 地址）翻译成_____的技术。

5. _____是美国 ISS 公司提出的动态网络安全体系的代表模型，也是动态安全模型的雏形。

二、单项选择题

1. 以下属于 OSI 模型的第三层设备是（　　）。
   A. 中继器　　　　　　　　　　　B. 网桥
   C. 交换机　　　　　　　　　　　D. 防火墙

2. 以下指对不同子网之间的互相连接的是（　　）。
   A. 网络连接　　　　　　　　　　B. 网络互传
   C. 网络互通　　　　　　　　　　D. 网络互访

3. 以下不属于网络安全特征的是（　　）。
   A. 保密性　　　　　　　　　　　B. 完整性
   C. 探测性　　　　　　　　　　　D. 可控性

4. 状态检测技术是（　　）的延伸，使用各种状态表（State Tables）来追踪活跃的 TCP 会话。
   A. 包过滤技术　　　　　　　　　B. IP 状态检测技术
   C. 代理服务技术　　　　　　　　D. 电路层网关技术

5. 以下不属于防火墙应具备的特性的是（　　）。
   A. 支持上网内容过滤　　　　　　B. 支持本地管理和远程管理
   C. 支持上网内容监控　　　　　　D. 支持日志管理和对日志的统计分析

三、思考题

1. 防火墙的工作原理是什么？

2. 简述包过滤防火墙和状态检测防火墙的区别。

3. 防火墙通常有三种工作模式：透明模式、路由模式、混合模式，简述这三种模式的优、缺点。

技能拓展

1. 现有 XXX 公司要重新架构网络，准备在外网部署一台防火墙，从电信获取的 IP 地址为 61.135.169.125/28，网关为 61.135.169.126；而公司内网使用 192.168.0.0/24 网段，内网连接的防火墙端口 IP 地址为 192.168.0.1，同时把此 IP 设成公司内网的网关，现领导希望对防火墙进行配置，使公司内网的所有机器都可以上网，请对下面填空，使之操作完整。

（1）首先，防火墙采用_____模式。

（2）打开 IE，进入防火墙管理界面。

（3）配置防火墙的_____网口；IP 地址配置为_____；子网掩码配置为_____；默认网关配置为_____；（见图 1-47）。

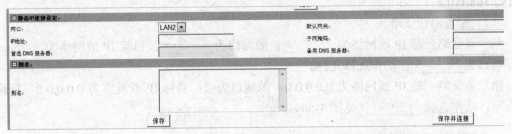

图 1-47　网络配置（1）

（4）配置防火墙的内部网口；IP 地址配置为_____；子网掩码配置为_____（见图 1-48）。

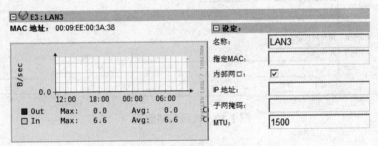

图 1-48　网络配置（2）

（5）最后配置 SNAT，源 IP 或网络为_____；SNAT 网口选择外部网口；SNAT 地址为_____；目标 IP 或网络为_____（见图 1-49）。

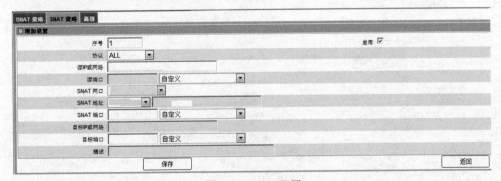

图 1-49　NAT 配置

2. 现有 XXX 公司已经桥接部署防火墙，分别隔开服务器区和工作区；现公司领导希望工作区只有一台 PC 机器 192.168.110.102/24 能够访问服务器区的一台服务器 192.168.110.2/24，且只能访问服务器 192.168.110.2 的 HTTP 服务，请对下面填空，使之操作完整。

（1）首先配置网口信息及防火墙模式，在不配置任何策略时，192.168.110.102 是否能访问 192.168.110.2 ； _____ 。

（2）配置高级策略

第一条策略：源 IP 或网络为 _____ ；源端口为 _____ ；目标 IP 或网络为 _____ ；目标端口为 _____ ；动作选择允许。

第二条策略：源 IP 或网络为 0.0.0.0/0；源端口为空；目标 IP 或网络为 0.0.0.0/0；目标端口为空；动作选择 _____ （见图 1-50）。

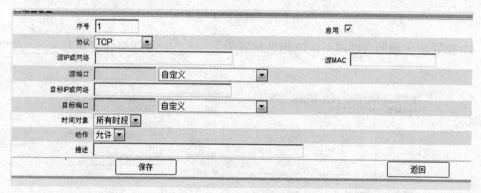

图 1-50　高级策略配置

2

入侵检测产品调试与部署

知识目标

- 知道入侵检测的特点及优势
- 掌握入侵检测的基本概念及分类
- 掌握入侵检测的关键技术
- 了解入侵检测的应用和发展趋势

技能目标

- 能根据用户的网络状况进行安全需求分析
- 能够根据项目需求进行方案设计
- 合理选择入侵检测产品并能够正确部署
- 能够对入侵检测产品进行调试，正确配置安全策略
- 掌握入侵检测产品和防火墙联动的方法

项目引导

📖 项目背景

　　（某）市人民政府办公厅已建成基本稳定的信息系统软、硬件平台，在信息安全方面也进行了基础性的部分建设，使系统有了一定的防护能力，现有的网络拓扑如图 2-1 所示。但是，市人民政府办公厅在信息安全方面面临的形势仍然十分严峻。病毒攻击、恶意攻击泛滥，应用

软件漏洞层出不穷，木马后门传播更为普遍，特别是黑客的攻击，直接威胁市人民政府办公厅重要信息系统，并有可能进一步窃取市人民政府办公厅相关的重要信息和数据，对核心信息系统的安全运行造成很大威胁。

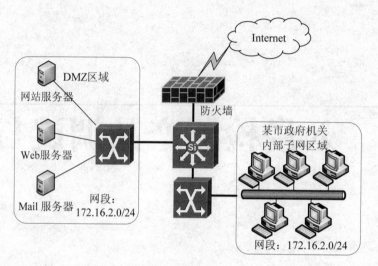

图 2-1　原有网络拓扑图

　　显然，仅仅部署一套防火墙系统已无法防范所有攻击，必须在现有的网络基础上添加安全设备，加固安全措施，减少安全隐患。

　　📖 **需求分析**

　　现有的防火墙系统只能防范已知攻击和来自外部的攻击，且只能被动防范，无法主动防御。此外，防火墙对很多入侵方式都无能为力。例如，针对 ping 命令的攻击——ICMP 攻击；针对配置错误的攻击——IPC$攻击；针对应用漏洞的攻击——Unicode；缓冲区溢出攻击——ARP欺骗；拒绝服务攻击——Syn Flood；针对弱口令的攻击——口令破解；社会工程学攻击等。

　　📖 **方案设计**

　　为了防范来自内部和外部的攻击，入侵检测技术可以通过从计算机网络系统中若干关键节点收集信息并加以分析，监控网络中是否有违反安全策略的行为或者是否存在入侵行为，它能提供安全审计、监视、攻击识别和反攻击等多项功能，并采取相应的行动，如断开网络连接、记录攻击过程、跟踪攻击源、紧急告警等，是安全防御体系的一个重要组成部分，能与防火墙联动，增强网络防御能力。

　　在本方案中（市人民政府网络）部署一套入侵检测系统，该系统通过使用监控口连接交换机的镜像口来监听并分析来自重要服务器区和普通服务器区的镜像数据，负责分析网络中多个 VLAN 之间的数据交换，准确地识别来自内部和外部的各种攻击行为，实时报警和记录入侵信息，以多样化的响应方式发起告警，方便对网络情况的记录、取证工作，对网络上的可疑行为作出策略反应，及时切断入侵源，记录并通过各种途径通知网络管理员，最大幅度地保障系统安全。安全拓扑如图 2-2 所示。

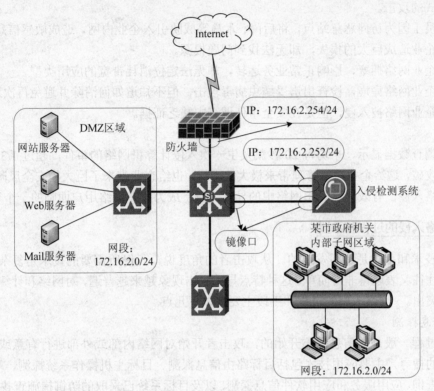

图 2-2　网络安全拓扑图

相关知识

2.1　入侵检测概述

　　随着信息化的应用和互联网的普及，整个世界正在迅速地融为一体，计算机网络已经成为国家的经济基础和命脉。众多的企业、组织与政府部门都在组建和发展自己的网络并连接到Internet 上，以充分共享、利用网络的信息和资源，网络逐渐成为这些用户完成相关业务的不可或缺的手段。

　　与此同时，网络入侵事件也在频繁发生，入侵主要是指对信息系统资源的非授权使用，它会导致敏感信息外泄、系统数据丢失或破坏、系统拒绝服务、网络拥塞或瘫痪等。以下情况在企事业单位经常发生：

- 企业的网络系统被入侵，服务器瘫痪，但不知道什么时候被入侵的。

- 客户抱怨企业的网页无法正常打开，检查发现是服务器被攻击，但不知道遭受何种方式的攻击。
- 员工因为访问恶意站点，将后门、木马等威胁引入企业内网，造成敏感信息外泄，给企业造成巨大的损失，却无法找到问题根源。
- 企业网络拥塞，影响正常业务运转，却无法定位消耗带宽的应用类型。
- 企业网络瘫痪，检查出遭受蠕虫病毒攻击，但不知道如何清除并避免再次遭到攻击。
- 企业网络被入侵，但是在安全事件调查中缺乏证据。

……

根据调查数据显示，平均每 20 秒就发生一次入侵计算机网络的事件，超过 1/3 的互联网防火墙被攻破，这给企业网络管理带来极大的困扰，也给企业带来了巨大的安全风险。能否及时发现网络入侵，有效地检测出网络中的异常流量，成为所有网络用户面临的一个重要问题。

2.1.1　网络入侵的过程和手段

入侵技术和手段是不断发展的。从攻击者的角度说，入侵所需要的技术是复杂的，而应用的手段往往又表现得非常简单，这种特点导致攻击现象越来越普遍，对网络和计算机的威胁也越来越突出。　网络入侵的过程和手段主要有以下几点。

1. 信息探测

入侵过程一般是从信息探测开始的，攻击者开始对网络内部或外部进行有意或无意的可攻击目标的搜寻，主要应用技术包括目标路由信息探测、目标主机操作系统探测、端口探测、账户信息查询、应用服务和应用软件信息探测，以及目标系统已采取的防御措施查找等。目前，攻击者采用的手段主要是扫描工具，如操作系统指纹鉴定工具、端口扫描工具等。

2. 攻击尝试

攻击者在进行信息探测后，获取了其需要的相关信息，也就确定了在其知识范畴内比较容易实现的攻击目标尝试对象，然后开始对目标主机的技术或管理漏洞进行深入分析和验证，这就意味着攻击尝试的进行。目前，攻击者常用的手段主要是漏洞校验和口令猜解，如：专用的 CGI 漏洞扫描工具、登录口令破解等。

3. 权限提升

攻击者在进行攻击尝试以后如果成功，就意味着攻击者从原先没有权限的系统获取了一个访问权限，但这个权限可能是受限制的，于是攻击者就会采取各种措施，使得当前的权限得到提升，最理想的就是获得最高权限（如 Admin 或者 Root 权限），这样攻击者才能进行深入攻击。这个过程就是权限提升。

4. 深入攻击

攻击者通过权限提升后，一般是控制了单台主机，从而独立的入侵过程基本完成。但是，攻击者也会考虑如何将留下的入侵痕迹消除，同时开辟一条新的路径便于日后再次进行更深入的攻击，因此，作为深入攻击的主要技术手段就有日志更改或替换、木马植入以及进行跳板攻击等。木马的种类更是多种多样，近年来，木马程序结合病毒的自动传播来进行入侵植入更是屡见不鲜。

5. 拒绝服务

如果目标主机的防范措施比较好，前面的攻击过程可能不起效果。作为部分恶意的攻击者，还会采用拒绝服务的攻击方式，模拟正常的业务请求来阻塞目标主机对外提供服务的网络带宽或消耗目标主机的系统资源，使正常的服务变得非常困难，严重的甚至导致目标主机宕机，从而达到攻击的效果。目前，拒绝服务工具已成为非常流行的攻击手段，甚至结合木马程序发展成为分布式拒绝服务攻击，其攻击威力更大。

2.1.2 入侵检测的相关定义

1. 攻击

攻击者利用工具，出于某种动机，对目标系统采取的行动，其后果是获取、破坏、篡改目标系统的数据或访问权限。

2. 事件

在攻击过程中发生的可以识别的行动或行动造成的后果，称为事件。在入侵检测系统中，事件常常具有一系列属性和详细的描述信息可供用户查看。CIDF 将入侵检测系统需要分析的数据统称为事件（Event）。

3. 入侵

入侵是指在非授权的情况下，试图存取信息、处理信息或破坏系统以使系统不可靠、不可用的故意行为。网络入侵（Hacking）通常是指具有熟练地编写和调试计算机程序的技巧，并使用这些技巧来获得非法或未授权的网络或文件访问，入侵进入内部网络的行为。

4. 入侵检测

入侵检测（Intrusion Detection）是对入侵行为的检测。它通过收集和分析网络行为、安全日志、审计数据、其他网络上可以获得的信息以及计算机系统中若干关键点的信息，检查网络或系统中是否存在违反安全策略的行为和被攻击的迹象。

2.1.3 入侵检测系统介绍

入侵检测系统（Intrusion Detection System，IDS）是一种对网络传输进行即时监视，在发现可疑传输时发出警报或者采取主动反应措施的网络安全设备。在不影响网络性能的情况下能对网络进行监测，提供对内部攻击、外部攻击和误操作的实时保护，IDS 是一种积极主动的安全防护技术。系统部署如图 2-3 所示，从图中可以看到，IDS 系统通常包含探测器和控制台两部分。

防火墙为网络提供了第一道防线，IDS 被认为是防火墙之后的第二道安全闸门，弥补了防火墙的局限性和缺点，对网络进行检测，提供对内部攻击、外部攻击和误操作的实时监控，提供动态保护大大提高了网络的安全性。如图 2-4 所示，假如防火墙是一幢大楼的保安、门禁系统，那么 IDS 就是这幢大楼里的监视系统。门锁、保安可以防止小偷进入大楼，但不能保证小偷 100%地被拒之门外，更不能防止大楼内部人员的不良企图。而一旦小偷爬窗或走后门进入大楼，或者内部人员有越界行为，门锁就没有任何作用了，这时，只有实时监视系统才能发现情况并发出警告。IDS 不仅针对外来的入侵者，同时也针对内部的入侵行为。

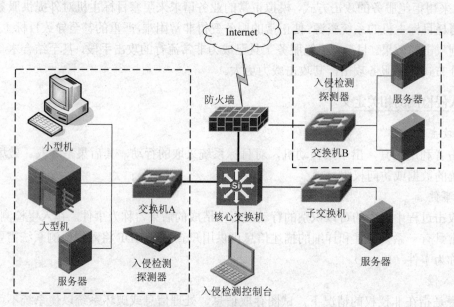

图 2-3 入侵检测系统部署

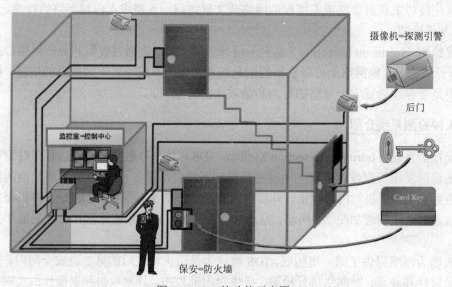

图 2-4 IDS 的功能示意图

IDS 就是网络摄像机，能够捕获并记录网络上的所有数据，同时它也是智能摄像机，能够分析网络数据并提炼出可疑的、异常的网络数据，它还是 X 光摄像机，能够穿透一些巧妙的伪装，抓住实际的内容。它不仅仅只是摄像机，还是保安员，能够对入侵行为自动地进行反击：阻断连接、关闭通路（与防火墙联动）。

IDS 通过执行以下操作来实现其功能：

（1）监视、分析用户及系统活动。

（2）系统构造和弱点的审计。

（3）识别反映已知进攻的活动模式并向相关人士报警。

（4）异常行为模式的统计分析。

（5）评估重要系统和数据文件的完整性。

（6）操作系统的审计跟踪管理，并识别用户违反安全策略的行为。

IDS 的功能主要有三点：

（1）事前报警。IDS 能够在入侵攻击对网络系统造成危害前，及时检测到入侵攻击的发生，并进行报警。

（2）事中防御。入侵攻击发生时，IDS 可以通过与防火墙联动、TCP Killer 等方式进行报警及动态防御。

（3）事后取证。被入侵攻击后，IDS 可以提供详细攻击信息，便于取证分析。

2.1.4　入侵检测发展历史

1980 年，James P.Anderson 在给一个保密客户写的一份题为《计算机安全威胁监控与监视》的技术报告中指出，审计记录可以用于识别计算机误用，他对威胁进行了分类，第一次详细阐述了入侵检测的概念。

1984～1986 年，乔治敦大学的 Dorothy Denning 和 SRI 公司计算机科学实验室的 Peter Neumann 研究出了一个实时 IDS 模型 IDES（Intrusion Detection Expert Systems，入侵检测专家系统），是第一个在一个应用中运用了统计和基于规则两种技术的系统，是入侵检测研究中最有影响的一个系统。

1988 年，Morris 蠕虫事件导致了许多基于主机的 IDS 的开发，如 IDES、Haystack 等。

1989 年，加州大学戴维斯分校的 Todd Heberlein 写了一篇论文 "A Network Security Monitor"，该监控器用于捕获 TCP/IP 分组，第一次直接将网络流作为审计数据来源，因而可以在不将审计数据转换成统一格式的情况下监控异常主机，网络入侵检测从此诞生。

1990 年，L.T.Heberlein 等人开发出了第一个基于网络的 IDS——NSM（Network Security Monitor），宣告 IDS 两大阵营正式形成：基于网络的 IDS 和基于主机的 IDS。

20 世纪 90 年代以后，不断有新的思想提出，如将信息检索、人工智能、神经网络、模糊理论、证据理论、分布计算技术等引入 IDS。

1999 年，出现商业化产品，如 Cisco Secure IDS、ISS Real Secure 等。

2000 年 2 月，对 Yahoo!、Amazon、CNN 等大型网站的 DDOS 攻击引发了对 IDS 系统的新一轮研究热潮，由此出现分布式 IDS，这是 IDS 发展史上的一个里程碑。

2.2　入侵检测的技术实现

2.2.1　入侵检测的模型

为解决入侵检测系统之间的互操作性，国际上的一些研究组织开展了标准化工作，目前对 IDS 进行标准化工作的有两个组织：IDWG（Intrusion Detection Working Group）和 CIDF（Common Intrusion Detection Framework）。CIDF 早期由美国国防部高级研究计划局赞助研究，现在由 CIDF 工作组负责，是一个开放组织。

CIDF 阐述了一个 IDS 的通用模型。它将一个 IDS 分为以下组件：事件产生器（Event Generators），用 E 盒表示；事件分析器（Event Analyzers），用 A 盒表示；响应单元（Response Units），用 R 盒表示；事件数据库（Event Databases），用 D 盒表示。如图 2-5 所示。

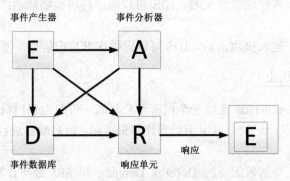

图 2-5　CIDF 模型

CIDF 模型的结构如下：E 盒通过传感器收集事件数据，并将信息传送给 A 盒，A 盒检测误用模式；D 盒存储来自 A、E 盒的数据，并为额外的分析提供信息；R 盒从 A、E 盒中提取数据，D 盒启动适当的响应。A、E、D 及 R 盒之间的通信都基于 GIDO（Generalized Intrusion Detection Objects，通用入侵检测对象）和 CISL（Common Intrusion Specification Language，通用入侵规范语言）。如果想在不同种类的 A、E、D 及 R 盒之间实现互操作，需要对 GIDO 实现标准化并使用 CISL。

2.2.2　入侵检测过程

入侵检测过程分为以下三个步骤：

（1）信息收集。入侵检测的第一步是信息收集，收集内容包括系统、网络、数据及用户活动的状态和行为。由放置在不同网段的传感器或不同主机的代理来收集信息，包括系统和网络日志文件、网络流量、非正常的目录和文件改变、非正常的程序执行。

（2）信息分析。收集到的有关系统、网络、数据及用户活动的状态和行为等信息，被送到检测引擎，检测引擎驻留在传感器中，一般通过三种技术手段进行分析：模式匹配、统计分析和完整性分析。当检测到某种误用模式时，产生一个告警并发送给控制台。

（3）结果处理：控制台按照告警采取预先定义的响应措施，可以是重新配置路由器或防火墙、终止进程、切断连接、改变文件属性，也可以只是简单地告警。

2.2.3 入侵检测的原理

根据入侵检测模型，入侵检测系统的原理可以分为两种：异常检测和误用检测。

1. 异常检测

异常检测是根据系统或者用户的非正常行为和使用计算机资源的非正常情况来检测入侵行为。这种检测方法的基本思想是：攻击行为是异常行为的子集。将不同于正常行为的异常行为纳入攻击。

首先要总结正常操作应该具有的特征（用户轮廓），试图用定量的方式加以描述，当用户活动与正常行为有重大偏离时即被认为是入侵。某人在正常操作时的特征的集合就叫做这个用户的轮廓。例如，一个程序员的正常活动与一个打字员的正常活动肯定不同，打字员常用的是编辑文件、打印文件等命令；而程序员则用的是编辑、编译、调试、运行等命令。这样，根据各自不同的正常活动建立起来的特征，便具有用户行为特征。入侵者使用正常用户的账号，其行为并不会与正常用户的行为相吻合，因此可以检测出来。异常检测流程如图 2-6 所示，其中用户轮廓要根据正常用户的行为进行不断修正，阈值也要不断进行修正。

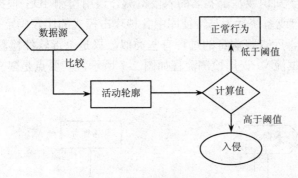

图 2-6　异常检测流程

基于异常检测原理的入侵检测方法和技术主要有以下几种方法：

（1）统计异常检测方法。根据用户对象的活动，为每个用户都建立一个特征轮廓表，通过对当前特征与以前已经建立的特征进行比较，来判断当前行为的异常性。用户特征轮廓表要根据审计记录情况不断更新，其保护可有多种衡量指标，这些指标值要根据经验值或一段时间内的统计而得到。

（2）特征选择异常检测方法。从一组度量中挑选出能检测入侵的度量，用它来对入侵行为进行预测或分类。

（3）基于贝叶斯推理异常的检测方法。通过在任何给定的时刻测量变量值，推理判断系统是否发生入侵事件。

（4）基于贝叶斯网络异常检测方法。用图形方式表示随机变量之间的关系。通过指定的一个小的与邻接节点相关的概率集来计算随机变量的连接概率分布。按给定全部节点组合，所有根节点的先验概率和非根节点概率构成这个集。当随机变量的值变为已知时，就允许将它吸收为证据，为其他的剩余随机变量条件值判断提供计算框架。

（5）基于模式预测异常检测方法。事件序列不是随机发生的，而是遵循某种可辨别的模式，基于模式预测的异常检测法的假设条件，其特点是事件序列及相互联系被考虑到了，只关心少数相关安全事件是该检测法的最大优点。

异常检测技术的优点：无须获取攻击特征，能检测未知攻击或已知攻击的变种，且能适应用户或系统等行为的变化。

异常检测原理的缺点：一般根据经验知识选取或不断调整阈值以满足系统要求，阈值难以设定；异常不一定由攻击引起，系统易将用户或系统的特殊行为（如出错处理等）判定为入侵；系统检测的准确性受阈值的影响，在阈值选取不当时，会产生较多的检测错误，造成检测错误率高；攻击者可逐渐修改用户或系统行为的轮廓模型，因而检测系统易被攻击者训练；无法识别攻击的类型，因而难以采取适当的措施阻止攻击的继续。

2．误用检测

误用检测也称为基于知识或基于签名的入侵检测。误用检测 IDS 根据已知攻击的知识建立攻击特征库，通过用户或系统行为与特征库中各种攻击模式的比较确定是否发生入侵。这种检测与杀毒软件依照病毒库查找病毒的过程有些类似，只是杀毒软件检测的是文件，而 IDS 检测的是通信过程（数据流）。误用检测流程如图 2-7 所示，其要点是建立攻击特征库，并不断进行更新和完善。

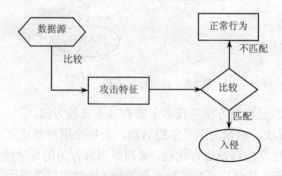

图 2-7　误用检测流程

常用的误用检测方法和技术主要有以下几种：

（1）基于专家系统的检测方法。这个方法的思想是把安全专家的知识表示成规则知识库，再用推理算法检测入侵。主要是针对有特征的入侵行为。

（2）基于状态转移分析的检测方法。该方法的基本思想是将攻击看成一个连续的、分步骤的并且各个步骤之间有一定关联的过程。在网络发生入侵时及时阻断入侵行为，防止可能还会进一步发生的攻击行为。在状态转移分析方法中，一个渗透过程可以看作是由攻击者做出的一系列的行为，而导致系统从某个初始状态变为最终某个被危害的状态。

（3）基于模型误用检测方法。它是通过把收集到的信息与网络入侵和系统误用模式数据库中的已知信息进行比较，从而发现违背安全策略的行为进行。模式匹配法可以显著地减少系统负担，有较高的检测率和准确率。

误用检测技术的关键问题是攻击签名的正确表示。误用检测是根据攻击签名来判断入侵的，如何用特定的模式语言来表示这种攻击行为是该方法的关键所在。尤其攻击签名必须能够准确地表示入侵行为及其所有可能的变种，同时又不会把非入侵行为包含进来。由于大部分的入侵行为是利用系统的漏洞和应用程序的缺陷进行攻击的，那么通过分析攻击过程的特征、条件、排列以及事件间的关系，就可以具体描述入侵行为的迹象。

3. 异常检测和误用检测技术的不同

误用检测是根据已知的攻击方法和技术总结构成特征库的，所以无法检测到新的攻击方法；而异常检测是根据假设划定系统合理的行为范围（阈值）来定义特征库，实时检测系统的状态和行为是否在合理范围内，所以这种通过表现检测的方式能检测到未知的攻击。

误用检测针对具体的行为进行推理和判断入侵攻击；而异常检测根据使用者的行为和资源的使用情况来判断。

异常检测误报率高，特别是在多用户、工作行为变动情况下，没有一个相对稳定的状态表现；而误用检测准确率较高，但对于新型的攻击漏报率也较高。

误用检测对系统依赖性高，异常检测依赖性低，移植性好。

1998 年 2 月，Secure Networks Inc.指出 IDS 有许多弱点，主要为：IDS 对数据的检测；对 IDS 自身攻击的防护。由于当代网络发展迅速，网络传输速率大大加快，这造成了 IDS 工作的很大负担，也意味着 IDS 对攻击活动检测的可靠性不高。而 IDS 在应对对自身的攻击时，对其他传输的检测也会被抑制。同时由于模式识别技术的不完善，IDS 的高误报率也是它的一大问题。

误报：实际无害的事件却被 IDS 检测为攻击事件。

漏报：一个攻击事件未被 IDS 检测到，或被分析人员认为是无害的。

2.3 入侵检测系统的分类

IDS 有多种分类方式，根据体系结构的不同可以分为集中式 IDS 和分布式 IDS；根据实现方式的不同可以分为基于主机的 IDS（HIDS）和基于网络的 IDS（NIDS）；根据实现技术的不同，可以分为误用检测 IDS 和异常检测 IDS。这里重点介绍基于主机和基于网络的 IDS 系统。

1. 基于主机的入侵检测系统

这类 IDS 对多种来源的系统和事件日志进行监控，发现可疑活动。基于主机的入侵检测系统也叫做主机 IDS，最适合于检测那些可以信赖的内部人员的误用，以及已经避开了传统的检测方法而渗透到网络中的活动。除了完成类似事件日志阅读器的功能，主机 IDS 还对"事件/日志/时间"进行签名分析。许多产品中还包含了启发式功能。因为主机 IDS 几乎是实时工作的，系统的错误就可以很快地检测出来，技术人员和安全人士都非常喜欢它。基于主机的 IDS 就是指基于服务器/工作站主机的所有类型的 IDS。其常用部署如图 2-8 所示，通常是个检测代理软件（Agent），安装于被保护的主机中，通过查询、监听当前系统的各种资源（主要包括系统运行状态信息、系统记账信息、系统事件日志、应用程序事件日志、进程、端口调用、C2 级安全审计记录、文件完整性检查等）的使用运行状态，发现系统资源被非法使用和修改的事件，并进行上报和处理，会消耗系统的一定资源。

HIDS 的主要优点有：性价比高；更加细腻，能够监视特定的系统活动；误报率较低；适用于交换和加密环境；对网络流量不敏感；能够确定攻击是否成功。

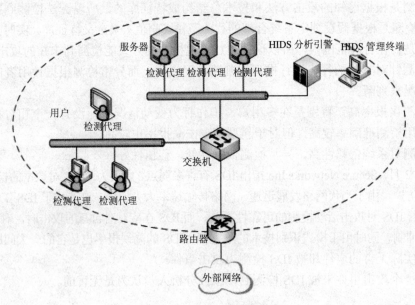

图 2-8　HIDS 典型部署

2. 基于网络的入侵检测系统

基于网络的 IDS 对所有流经监测代理的网络通信量进行监控，对可疑的异常活动和包含攻击特征的活动作出反应。在比较重要的网段安装探测器，往往是将一台机器（网络传感器）

的一个网卡设于混杂模式（Promisc Mode），监听本网段内的所有数据包并进行事件收集和分析、执行响应策略以及与控制台通信，来监测和保护整个网段，它不会增加网络中主机的负载。NIDS 存在基于应用程序的产品，只需要安装到主机上就可应用。NIDS 对每个信息包进行攻击特征的分析，但是在网络高负载下，还是要丢弃些信息包。其部署如图 2-9 所示。

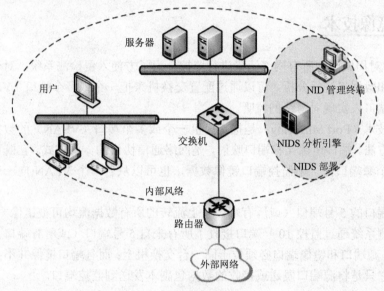

图 2-9　NIDS 典型部署

　　NIDS 的主要优点有：隐蔽性好；可实时检测和响应；攻击者不易转移证据；不影响业务系统；可较全面发现入侵；能够检测未成功的攻击企图。

　　表 2-1 比较了 HIDS 与 NIDS 的特点，以加深对两者的理解。

表 2-1　HIDS 与 NIDS 比较表

项目	HIDS	NIDS
专用硬件	不需要	需要，网络范围大时需要多个探测器
审计内容	主机内的敏感文件、目录、程序、端口的使用情况	网络数据包、检测网络攻击
判断攻击成功与否	能更准确判断	难以准确判断
未成功的攻击	较难检测	能检测
加密环境	适用	不适用
对网络的影响	无	有
安全性	受限于主机操作系统、系统日志，只检测主机不检测网络	专用操作系统，加密通信难以检测安全性、检测网络
响应方式	事后响应	实时响应

3. 混合型入侵检测系统（Hybrid IDS）

在新一代的入侵检测系统中，将把现在基于网络和基于主机这两种检测技术很好地集成起来，提供集成化的攻击签名检测报告和事件关联功能。虽然这种解决方案覆盖面极大，但同时要考虑到由此引起的巨大数据量和费用。许多网络只为非常关键的服务器保留混合 IDS。

2.4　端口镜像技术

NIDS 需要对局域网的所有网络流量进行监控，为了方便入侵检测系统，对一个或多个网络接口的流量和数据包进行分析，可以通过配置交换机来把一个或多个端口（VLAN）的数据转发到某一个端口来实现对网络的监听。

端口镜像技术（Port Mirroring）是把交换机一个或多个端口（VLAN）的数据镜像到一个或多个端口的方法。端口镜像又称端口映射，是网络通信协议的一种方式。它既可以实现一个 VLAN 中若干个源端口向一个监控端口镜像数据，也可以从若干个 VLAN 向一个监控端口镜像数据。

例如，源端口的 5 号端口（或所有端口）上流转的所有数据流均可被镜像至 10 号监控端口，而入侵检测系统通过监控 10 号端口接收了所有来自 5 号端口（或所有端口）的数据流。值得注意的是，源端口和镜像端口必须位于同一台交换机上；而且端口镜像并不会影响源端口的数据交换，它只是将源端口发送或接收的数据包副本发送到监控端口。

2.5　NIDS 系统部署

现今基于网络的 IDS 是主流，这里主要介绍 NIDS 的部署方式。从功能上看，NIDS 分为两大部分：探测引擎和控制中心。前者用于监听原始网络数据和产生事件；后者用于显示和分析事件及策略定制等工作，如图 2-10 所示。

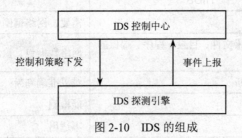

图 2-10　IDS 的组成

引擎采用旁路方式全面侦听网上信息流，实时分析，然后将分析结果与探测器上运行的策略集相匹配。执行报警、阻断、日志等功能，完成对控制中心指令的接收和响应工作。它是由策略驱动的网络监听和分析系统。

采用旁路方式不需要更改现有网络结构，不会影响业务系统运行，而且部署简单、方便；一旦系统发生断电或故障现象时，不会影响整个网络的正常运行。入侵检测旁路部署在交换机上，一般情况下，入侵检测需要配置两个口，一个口为管理口，另一个口为监控口。管理口连接在交换机的任何一个口，供网络安全管理员管理；监控口连接此交换机的镜像口，以便能及时地监控网络的数据。

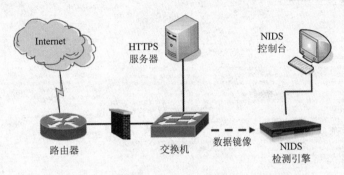

图 2-11　IDS 的部署方式

控制中心提供报警显示以及预警信息的记录和检索、统计功能制定入侵监测的策略。控制探测器系统的运行状态，收集来自多台引擎的上报事件，综合进行事件分析，以多种方式对入侵事件作出快速响应。

在部署 IDS 之前，需要对现有网络结构及网络应用作详细的了解，然后根据网络业务系统的实际需求配置相应规则库，以便能够及时检测入侵源，记录并通过各种途径通知网络安全管理员，最大幅度地保障系统安全，并且在提高网络安全的同时不影响业务系统的性能，在进行入侵检测安全策略制定的过程中，需要业务应用人员及相关的行政领导的配合和支持，同时也要注意现有网络结构环境，以防产生误报和漏报。制定一个比较实用而又合适的入侵检测策略，首先，要进行网络拓扑结构的分析，确定入侵检测的部署位置，配置被部署的交换机的镜像口；其次，开始配置入侵检测管理口、监控口和启动检测引擎服务，以便能及时检测入侵源；最后，根据实际的网络环境和安全的要求，制定相应的规则，并查看入侵日志、本身安全性管理。在入侵检测具体实施中，选择并配置好入侵检测规则。

2.6　入侵检测软件 Snort

Snort 是一个功能强大、跨平台、轻量级的网络入侵检测系统，从入侵检测分类上来看，Snort 是个基于网络和误用检测的入侵检测软件。它可以运行在 Linux、OpenBSD、FreeBSD、Solaris 以及其他 UNIX、Windows 等操作系统之上。Snort 是一个用 C 语言编写的开放源代码软件，符合 GPL（GNU General Public License，GNU 通用公共许可证）的要求，由于其是开源且免费的，许多研究和使用入侵检测系统都是从 Snort 开始，因而 Snort 在入侵检测系统方面占有重要地位。Snort 的网站是http://www.snort.org。用户可以登录网站，下载在 Linux 和 Windows 环境下安装的可执行文件，并可以下载描述入侵特征的规则文件。在 http://www. snort.org/start/requirements 页面可以查看到在 Linux 和 Windows 两个平台所需要的所有软件及其下载链接，如图 2-12 所示。

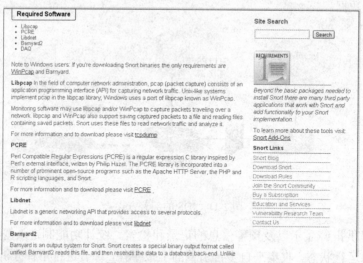

图 2-12　Snort 所需软件页面

　　Snort 对系统的影响小，管理员可以很轻易地将 Snort 安装到系统中去，并且能够在很短的时间内完成配置，方便地集成到网络安全的整体方案中，使其成为网络安全体系的有机组成部分。虽然 Snort 是一个轻量级的入侵检测系统，但是它的功能却非常强大。Snort 的安装和使用都很简单，这里不再赘述。

2.7　IDS 与防火墙的联动

　　IDS 与防火墙的联动是指 IDS 在捕捉到某一攻击事件后，按策略进行检查，如果策略中对该攻击事件设置了防火墙阻断，那么 IDS 就会发给防火墙一个相应的动态阻断策略，防火墙根据该动态策略中的设置进行相应的阻断，阻断的时间、阻断时间间隔、源端口、目的端口、源 IP 和目的 IP 等信息，完全依照 IDS 发出的动态策略来执行。一般来说，很多情况下，不少用户的防火墙与 IDS 并不是同一家的产品，因此在联动的协议上面大都遵从 OPSEC 协议（Check Point 公司）进行通信，不过也有某些厂家自己开发相应的通信规范。目前总地来说，联动有一定效果，但是稳定性不理想，特别是攻击者利用伪造的包信息，让 IDS 错误判断，进而错误指挥防火墙将合法的地址无辜屏蔽掉。

　　IDS 与防火墙联动的工作模型如图 2-13 所示。黑客首先穿透防火墙向主机 A 发起攻击，这时 IDS 识别到了攻击行为，IDS 会向防火墙发送通知报文；防火墙收到报文后，进行验证并采取措施，通常是建立一条阻断或报警该链接的规则；当黑客再次发起攻击时，防火墙就会根据规则选择阻断或报警此台非法链接。

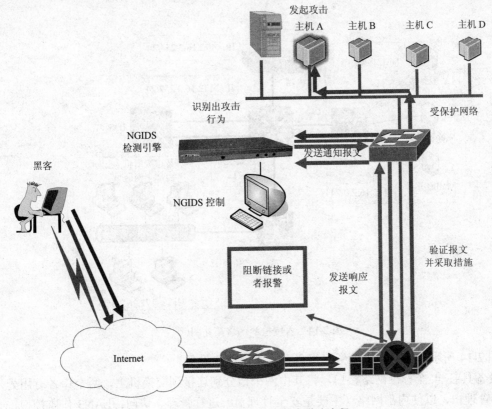

图 2-13　IDS 与防火墙联动流程

这种阻断非法链接的方式还是有很大的局限性的。整个从发现到阻断的操作需要 100 毫秒的时间，这对现代网络来说是一个巨大的时间窗口，而且它只能针对相同攻击第二次以后的链接进行阻断，第一次攻击还是会放行的。因此，比如说单个数据包的攻击就无法进行阻断，因为这种攻击方式只对同一个目的地址发送一次攻击数据包。

任务实施

2.8　项目实训

根据本章开头所述具体项目的需求分析与整体设计，现以项目中与 IDS 相关的一部分拓扑为例，进行 IDS 设备部署和调试实训，网络拓扑图如图 2-14 所示。

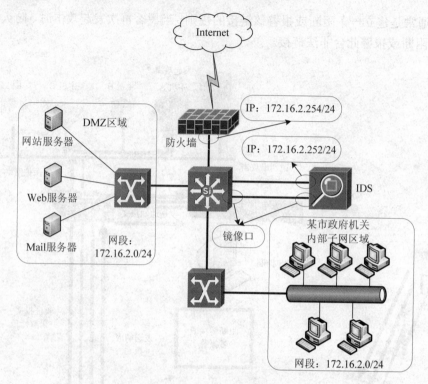

图 2-14　入侵检测部署拓扑图

如图 2-14 所示，在交换机上旁路接入一台入侵检测设备。

该设备具备 4 个标准网络接口，将其中两个口分别连接到交换机上，两个口各有用处，LAN2 作管理口，以便内部网络（主要是安全管理员）进行管理、访问；LAN3 作监控口，必须连接到交换机的镜像口。根据实际需要，在入侵检测上配置相应的规则，使之能检测到内部子网区域、DMZ 区域之间 ICMP 包攻击的数据，及时地对攻击进行处理。

配置入侵检测的规则，开启引擎服务，查看相关入侵日志。

2.8.1　任务 1：认识入侵检测系统并进行基本配置

为能更深入地结合入侵检测产品，实际学习入侵检测的配置，本章采用蓝盾 IDS 进行实践操作，通过对该设备的配置，达到前面所述的需求分析和方案设计。为此，先了解一下入侵检测设备的基本配置方法。

在一般的入侵检测的配置里，常见配置步骤为：入侵检测初步认识→入侵检测初始化配置→网络接口配置→规则配置→设备服务重启。

1. 了解 IDS 硬件

（1）了解 IDS 前面板，如图 2-15 所示，类似防火墙设备，IDS 主要包含四个网络接口、一个 CONSOLE 口和两个指示灯。

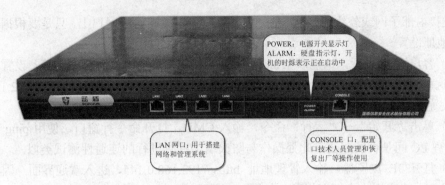

图 2-15 IDS 前面板

（2）仔细观察 IDS 后面板，如图 2-16 所示。

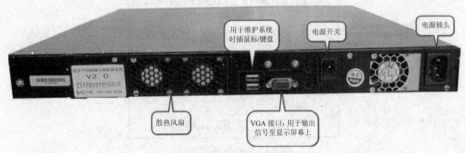

图 2-16 IDS 后面板

（3）了解 IDS 的初始配置参数，如表 2-2 所示为 IDS 出厂配置参数。不同厂商、不同型号的入侵检测产品，出厂参数一般都不相同，具体要参考设备手册。

表 2-2 入侵检测初始配置

网口	IP 地址	掩码	备注
LAN1	192.168.0.145	255.255.255.0	默认管理口
LAN2	无	无	可配置口
LAN3	无	无	可配置口
LAN4	无	无	可配置口

其中，LAN1 为默认管理口，默认地打开了 443 端口（HTTPS）以供管理入侵检测使用。本实验我们利用网线连接 LAN1 口与管理 PC，并设置好管理 PC 的 IP 地址。默认所有配置均为空，可在管理界面得到入侵检测详细的运行信息。

2. 利用浏览器登录 IDS 管理界面

（1）将 PC 与 IDS 的 LAN1 网口连接起来，我们将使用这条网线访问 IDS，并进行配置。

当需要连接内部子网或外线连接时，也只需要将线路连接在对应网口上，只是要根据具体情况进行 IP 地址设置。

（2）客户端 IP 设置，这里以 Windows XP 为例进行配置。打开网络连接，设置本地连接 IP 地址。这里的 IP 地址设置的是 192.168.0.100，这是因为所连端口 LAN1 的 IP 是 192.168.0.145，IP 必须设置在相同地址段上。

（3）单击"开始"→"运行"命令，输入 CMD，打开命令行窗口，使用 ping 命令测试 IDS 和管理 PC 间是否能互通。此处操作与防火墙配置时进行的连通性测试类似。

（4）打开 IE 浏览器，输入管理地址 https://192.168.0.145，进入欢迎界面。因为是通过 HTTPS 访问，会出现安全证书提示，如图 2-17 所示。

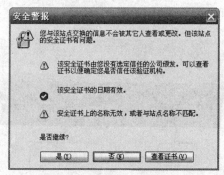

图 2-17　安全证书提示

单击"是"按钮，会出现登录入侵检测欢迎窗口，接着输入用户名和密码，默认用户名和密码分别为 admin 和 888888，单击"登录"按钮，进入入侵检测管理系统，如图 2-18 所示。

图 2-18　入侵检测主界面

3. 入侵检测的基本配置

（1）依次单击"网络设置"→"外线口设置"→"WAN 设定"命令，将 LAN2 的 IP 配置为 172.16.2.252，子网掩码为 255.255.255.0，默认网关为 172.16.2.254。单击"保存"按钮并连接（将 LAN2 口作为管理口，用于管理设备），如图 2-19 所示。

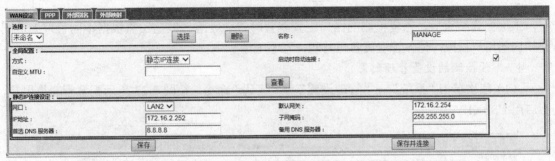

图 2-19　WAN 口配置

（2）依次点击"系统"→"管理设置"→"管理界面访问设定"命令，"网口"选择"LAN2"，其余选项保持默认，单击"添加"按钮，如图 2-20 所示。

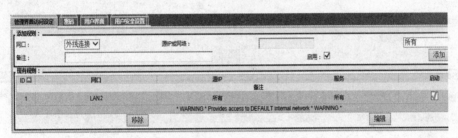

图 2-20　管理口访问策略设定

（3）依次单击"网络设置"→"镜像口设置"→"镜像设定"命令，将 LAN3 口配置为监控口（这里又叫镜像网口），用于接收经过交换机的信息，故此必须连接到交换机的镜像口上，如图 2-21 所示。

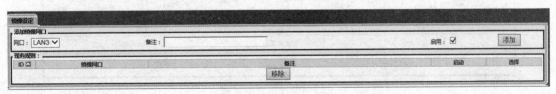

图 2-21　镜像网口设定

注意：镜像网口的选择只有 LAN3 和 LAN4，这是因为 LAN3、LAN4 口不属于内网口和 WAN 口。因此在配置镜像网口时，这个口一定要没有任何网口设定。

下面"现有规则"区域中出现了一条镜像规则，如图 2-22 所示。

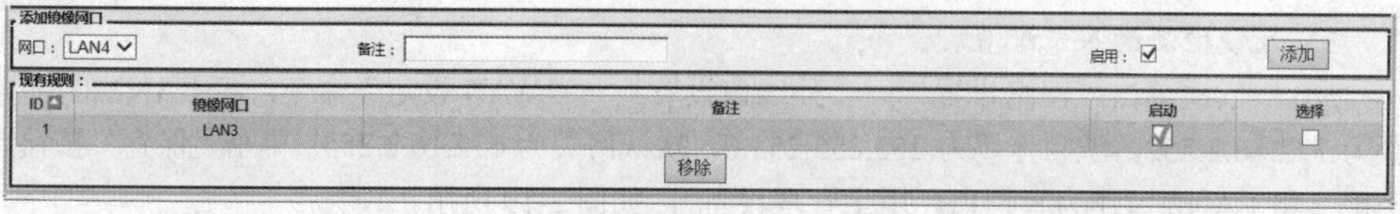

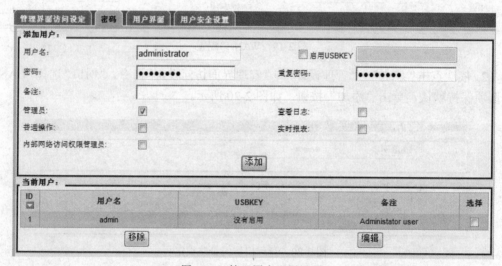

图 2-22　镜像网口配置界面

上面配置结束后，入侵检测的网口配置就暂时告一段落。但是还需根据不同管理人员配置相应的用户权限，使各管理员各司其职，互不干涉。

4. 入侵检测的设备管理配置

（1）依次单击"系统"→"管理设置"→"密码"命令，按图 2-23 所示配置管理员用户，不启用 USBKEY。

图 2-23　管理用户配置界面

下面就出现了一个超级管理员用户，如图 2-24 所示。

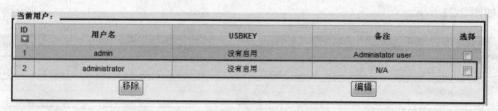

图 2-24　管理用户配置列表

（2）增加一个低权限用户，即只允许浏览 IDS，不允许进行操作，如图 2-25 所示。

下面添加了一个新用户 lorry，只有"查看日志"、"实时报表"的权限，一般用于让审计员等相关人员查看。

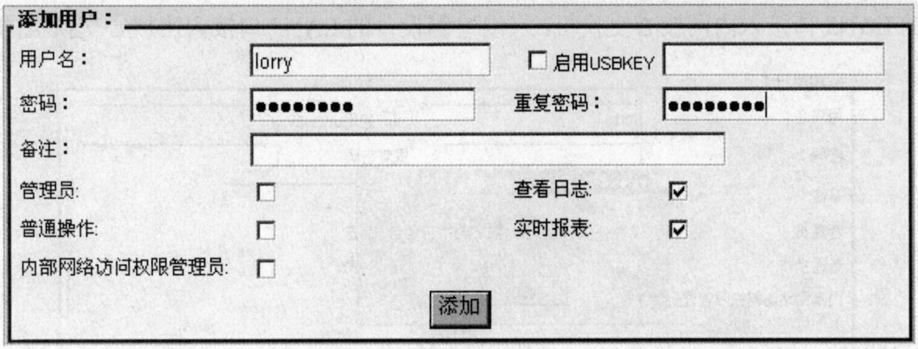

添加用户：

用户名：	lorry	☐ 启用USBKEY
密码：	●●●●●●●	重复密码： ●●●●●●●
备注：		
管理员：	☐	查看日志： ☑
普通操作：	☐	实时报表： ☑
内部网络访问权限管理员：	☐	

添加

图 2-25　审计用户配置界面

（3）依次单击"系统"→"管理设置"→"用户安全设置"命令，进行用户安全设置，如图 2-26 所示。

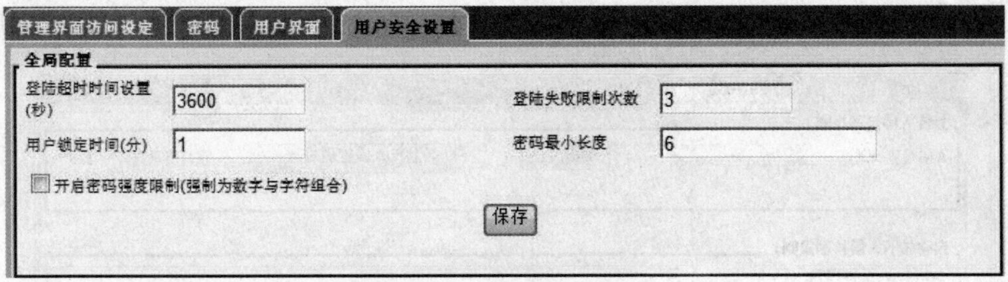

管理界面访问设定　密码　用户界面　**用户安全设置**

全局配置

登陆超时时间设置（秒）	3600	登陆失败限制次数	3
用户锁定时间（分）	1	密码最小长度	6

☐ 开启密码强度限制(强制为数字与字符组合)

保存

图 2-26　用户安全设置界面

在设置密码时，如果密码长度没有达到要求位数时将出现提示，如图 2-27 所示。

添加用户：

用户名：	lorry1	☐ 启用USBKEY
密码：		
备注：		

Microsoft Internet Explorer ☒

⚠ 密码长度必须超过设定位数：6

确定

管理员：		
普通操作：		
内部网络访问权限管理		

添加

图 2-27　密码长度设定错误界面

输入密码时一定要提高密码的强度，需要"数字+字符"的形式。

登录超过限制次数，系统会将用户锁定，1 分钟后用户才能重新登录，如图 2-28 所示。

2.8.2　任务 2：入侵检测规则配置

（1）将入侵检测按照部署拓扑（见图 2-14）所示接入市人民政府办公厅当前网络，入侵检测设备的 LAN2 口接入内网核心交换机，入侵检测设备的 LAN3 口接内网核心交换机的镜像口。

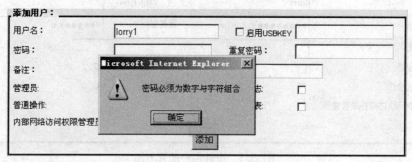

图 2-28　密码复杂度设定错误界面

（2）系统自带检测规则。选择"入侵检测"→"检测规则"命令，该页面显示所有 IDS 自带检测规则，用户可以查看已经勾选的规则库，或进行规则库的选择。系统会定时自动下载更新规则库，以使用户得到及时的保护。用户也可上传自定义补丁更新规则库，如图 2-29 所示。

图 2-29　规则库界面

根据市人民政府办公厅的需求，常发现 ICMP 攻击，这里要对 ICMP 规则库进行勾选，下面也以 ICMP 攻击为例进行实训，如图 2-30 和图 2-31 所示。

最后单击"保存"按钮，使规则策略生效。

注意：建议用户只勾选必要的选择，以提高检测的速率和性能。例如，如果内部网络中没有数据库服务器，则不必勾选数据库选项下的规则库。一般情况下，勾选的规则越多，对进出数据包的检测匹配耗时越长，降低 IDS 设备处理性能。

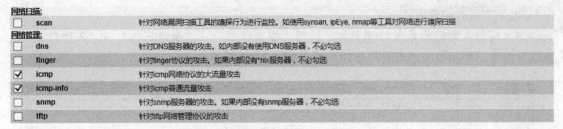

图 2-30　规则库勾选界面

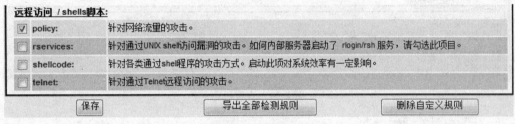

图 2-31　规则库保存

（3）选择"入侵检测"→"启动控制"命令，在该页面上选择 IDS 的"启动入侵检测"复选框来启动引擎服务，网口选择之前配置的监控口（即入侵检测系统的镜像网口），最后单击"重启"按钮，使服务启动，如图 2-32 所示。

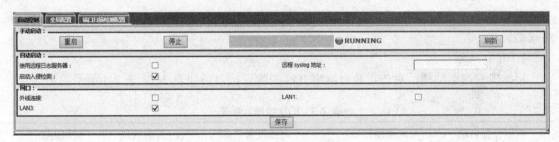

图 2-32　启动入侵服务

2.8.3　任务 3：入侵检测测试

（1）市政府内部子网区域 PC 机（172.16.2.200/24），访问 DMZ 区域中 Web 服务器（IP：172.16.2.168），如图 2-33 所示。

图 2-33　ICMP 测试

（2）查看入侵日志。

进入蓝盾入侵检测系统管理界面，选择"报表日志"→"系统日志"→"入侵检测日志查询"命令，然后单击"查看"按钮，效果如图 2-34 所示。

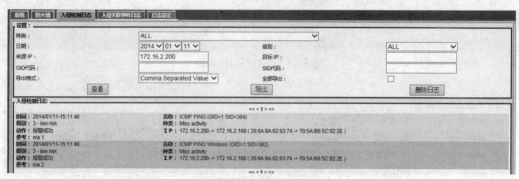

图 2-34　查看日志

2.9　项目实施与测试

2.9.1　任务 1：入侵检测系统规划

根据项目建设的要求，对 IDS 进行物理连接、接口和 IP 地址分配、路由表及 IDS 策略规划。

1．接口规划

根据现有网络结构，对该市政府网络 IDS 的物理接口做如表 2-3、表 2-4 所示的设计。

表 2-3　IDS 物理连接表

本端设备名称	本端端口号	对端设备名称	互联线缆	对端端口号
ZZGLYYNIDS-xx	LAN2	三层交换机	6 类双绞线	E1/0/1
	LAN3	三层交换机	6 类双绞线	E1/0/2

注：因实施环境不具备而无法实施，以后可以按照客户的需求进行配置。

表 2-4　接口和 IP 地址分配表

设备名称	端口	IP 地址	掩码	管理
ZZGLYYNIDS-xx	LAN1	192.168.0.145	255.255.255.0	Ssh/telnet/ http/https
	LAN2	172.16.2.252	255.255.255.0	
	LAN3	无	无	

注：目前环境因素不具备具体配置实施条件，整体配置在后期建设中规划，本阶段对设备仅进行加电处理。

2. 路由规划

根据该市政府网络的情况，现对 IDS 路由规划，如表 2-5 所示。

表 2-5　IDS 路由表

设备	目的网段	下一跳地址
ZZGLYYNIDS-xx	172.16.2.0	172.16.2.254
	0.0.0.0	172.16.2.254

2.9.2　任务 2：网络割接与 IDS 实施

在项目实施过程中根据如下时间序列进行项目实施，在项目实施之前确保已经做好 IDS 配置。

1. 前期准备

（1）确认当前政府机关网络运行正常。

（2）确认 IDS 状态正常。

（3）确认 IDS 配置正常。

（4）进行割接前业务测试，且记录测试状态。

2. 产品上架

具体步骤如下：

（1）产品上架前策略配置检查和交换机测试。

（2）选择在市政府网络业务较为空闲时实施产品安装。

（3）根据方案设计的部署 IDS 及相关接口的连接与策略配置，如表 2-3 所示。

3. 测试

（1）测试终端 PC 到 IDS 的连通性（可 ping IDS 接口地址）。

（2）对预订好的业务进行测试，且对比之前的网络状态，查看网络是否异常。

（3）进行 IDS 策略测试。

4. 实施时间表

根据项目计划，由整个项目实施过程到完成入侵检测规则的配置及测试，尽可能不影响网络的负担，并且在不中断网络及业务的情况下完成，一般的实施过程和时间如表 2-6 所示。

表 2-6　IDS 实施时间表

步骤	动作	详细	业务中断时间（分钟）	耗时（分钟）
1	设备上架前检查	IDS 加电检查 IDS 软件检查 IDS 配置检查	0	20

步骤	动作	详细	业务中断时间（分钟）	耗时（分钟）
2	实施条件检查确认	IDS 机架空间/挡板准备检查 网线部署检查 电源供应检查	0	10
3	设备上架	根据项目规划将设备上架 接通电源，并确认设备正常启动完成	0	30/延长
4	IDS 上线	上线 IDS	0	5/延长
		IDS 状态检查	0	10/延长
		业务检查及测试	0	15/延长

5．回退

如经测试发现未成功，则执行回退。回退步骤如下：

（1）拔出 IDS 上所接所有线路。

（2）将汇聚交换机与内部交换机之间的线路进行连接，所有线路还原。

（3）业务连接测试。

综合训练

一、判断题

1．入侵是指任何企图破坏资源的完整性、保密性和有效性的行为。   （   ）

2．入侵检测的直接目的是阻止入侵事件的发生。   （   ）

3．基于主机的入侵检测和基于网络的入侵检测是按照信息数据来源的不同分类的。

   （   ）

4．目前入侵检测存在误报率和漏报率高的问题。   （   ）

5．异常入侵检测是以分析各种类型的攻击手段为基础的。   （   ）

6．误用入侵检测用来检测未知的入侵行为。   （   ）

7．入侵检测中的漏报是指异常而非入侵的活动被标记为入侵。   （   ）

8．基于网络的入侵检测系统，利用工作在混杂模式下的网卡监视分析网络数据。

   （   ）

9．任何单位和个人在从计算机信息网络上下载程序、数据或者购置、维修、借入计算机设备时，不必进行计算机病毒检测。   （   ）

二、单项选择题

1．按照入侵检测分析的方法，可将 IDS 分为（   ）。

A．基于主机的 IDS 和基于网络的 IDS

B．异常入侵检测系统和误用入侵检测系统

C．集中式入侵检测系统和分布式入侵检测系统

D．基于浏览器的 IDS 和基于服务器的 IDS

2．一般来说，IDS 由三部分组成，分别是事件产生器、事件分析器和（　　）

    A．控制单元   B．检测单元

    C．解释单元   D．响应单元

3．入侵检测的基础是（　　），入侵检测的核心是（　　）。

    A．信息收集　信息分析   B．信息收集　告警与响应

    C．信息分析　入侵防御   D．信息收集　检测方法

4．信息分析有模式匹配、统计分析和完整性分析了种技术手段，其中（　　）用于事后分析。

    A．模式匹配   B．统计分析

    C．信息收集   D．完整性分析

5．（　　）系统是一种自动检测远程和本地主机安全性弱点的程序，通过远程检测目标主机上 TCP/IP 不同端口的服务，记录目标给予的回答。

    A．入侵检测   B．漏洞扫描

    C．信息安全管理与审计   D．入侵防御

6．异常入侵检测以（　　）作为比较的参考基准。

    A．异常的行为特征轮廓   B．正常的行为特征轮廓

    C．日志记录   D．审计记录

7．误用入侵检测依靠的一个假定是（　　）。

    A．所有的入侵行为都是异常的

    B．只有异常行为才有可能是入侵攻击行为

    C．所有可能的入侵行为和手段都能够表达为一种模式或特征

    D．正常行为和异常行为可以根据一定的阈值来加以区分

8．基于网络的 IDS 利用（　　）作为数据源。

    A．审计记录   B．日志记录

    C．网络数据包   D．加密数据

9．对网络层数据包进行过滤和控制的信息安全技术机制是（　　）。

    A．防火墙   B．IDS

    C．漏洞扫描   D．VPN

三、思考题

1．IDS 的工作模式可以分为几个步骤？分别是什么？

2. 基于主机的 IDS 和基于网络的 IDS 的区别是什么？

3. 简述防火墙对部署 IDS 的影响。

技能拓展

某企业的网络安装防火墙后，其拓扑结构如图 2-35 所示，按照各题要求填充空白区。

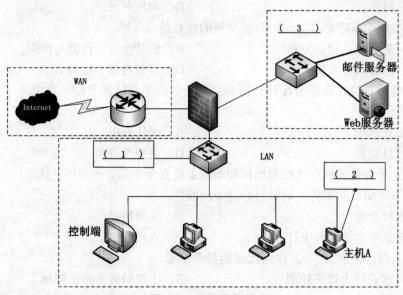

图 2-35　网络拓扑图

1. 为图中标识的 3 中选择合适的名称（　　）。

　　A．DMZ 区　　　　　B．堡垒区　　　　C．服务区　　　　D．安全区

2. 为了实时检测安全威胁，图中标识的 1 可选择一种合适的安全设备（　　）。

　　A．防火墙　　　　　　　　　　　　B．基于网络的 IDS

　　C．防病毒网关　　　　　　　　　　D．基于主机的 IDS

3. LAN 区中主机 A 为 Windows Server 2003 操作系统，为了保证图中标识的 2 中能够正常、安全地运行，除了可以配置 Windows Server 2003 操作系统的注册表以外，为了整体提高主机 A 的安全性，还可以进行哪些方面的系统安全加固？（至少列举 5 点）

3

VPN 产品调试与部署

知识目标

- 了解 VPN 的定义及作用
- 掌握 VPN 的关键技术
- 掌握 VPN 的架构和应用

技能目标

- 能够根据项目需求进行方案设计
- 掌握项目中 VPN 部署、基本配置、隧道技术的应用
- 能够对 VPN 进行部署和配置

项目引导

📖 项目背景

某大型企业在全国各地都建有分支机构或者办事处，随着企业信息化程度的不断提高，企业总部部署了 OA 系统、ERP 系统、Mail 服务器、FTP 服务器等应用软件。企业分布在各地的分支机构和办事处需要与企业总部互联，共享总部的数据和软件资源，传输企业内部数据

和信息；移动办公的业务人员也随时需要远程登录到企业内部服务器，访问相关系统、登记相关信息；企业合作伙伴也会通过 Internet 访问企业网站，了解企业产品信息。企业现有网络的拓扑图如图 3-1 所示。由于所有的通信都是在公共因特网上进行，因此存在很大安全隐患。

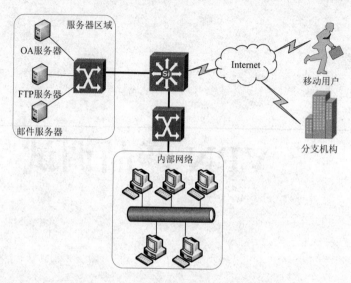

图 3-1　现有网络拓扑图

📖 需求分析

实现远程移动办公，保障信息访问、信息传输的安全有两个选择：一个选择是建立或者租用专线，这需要花费高额费用，且需要持续投入；另一个选择就是建立虚拟专用网络（VPN），不需要建立或租用专线即可实现使用专线的效果。VPN 技术综合使用了隧道技术、认证技术、加/解密技术、密钥管理技术来实现虚拟专用网络，有效地保证了数据传输的真实性、完整性、保密性和可用性。

根据该大型企业目前的网络现状，其具体需求分析如下：

（1）需要实现企业分布在各地的分支机构和办事处与企业总部的互联。

（2）需要能为移动办公提供高效、安全、便捷的网络接入方式。

（3）所提供网络和设备，需保证企业业务的实时性要求。

（4）需要采用 VPN 加密技术，对网络中传输的数据进行加密，保证数据传输的安全。

（5）所提供的设备均需能进行集中管理，便于维护和部署，同时各设备均需提供日志审计功能。

（6）所提供的方案需保证一定的扩展性，为今后网络应用扩展提供支持。

在满足上述网络连接与网络安全需求后，最终达到使该大型企业能方便地在全国各地对该业务进行业务拓展，实现便捷、安全的移动办公，同时保证所传输数据的保密性、可用性、完整性。

📖 **方案设计**

针对该企业的需求分析以及安全目标，我们提出的解决方案简图如图 3-2 所示。在内部构建了一套 VPN 专网，使得布局分散的分支机构、办事处以及移动办公人员，通过 VPN 的方式连入中心网络，增强用户接入的安全性，数据全程进行加密传输，实现内部 OA、内部应用系统等的数据共享和远程应用，同时保证信息网络的安全。

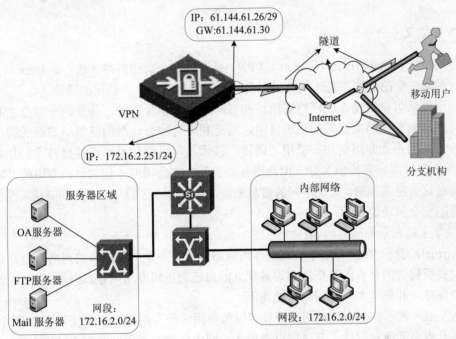

图 3-2　网络安全拓扑图

具体来讲：

（1）在企业总部部署两台 VPN 网关，实现施双机热备。

如图 3-2 所示，在企业总部网络服务器区域部署 VPN 硬件网关，采用双机热备方式进行部署。该设备的主要功能是：作为 VPN 服务器端，与远程接入的 VPN 客户端以及移动 VPN 用户建立安全隧道，对隧道内所传输的数据进行加密保护，使企业分支机构、办事处、移动用户通过 Internet 和总部所交换的数据安全保密。

（2）在各分支机构和有条件的办事处分别部署 1 台硬件 VPN 接入客户端。

（3）为移动用户计算机安装 VPN 接入客户端软件（VRC）。

移动办公用户可以使用有线或无线网络，通过所安装的 VRC 软件，实现到企业总部的网络安全连接。该 VRC 软件端的认证方式，提供用户名+口令+硬件令牌等多种方式，实现率极高，且是绝对有效的安全认证措施。

相关知识

3.1 VPN 的概述

3.1.1 VPN 的定义

虚拟专用网（Virtual Private Network，VPN）是通过一个公用网络（通常是 Internet）建立的一个临时的、安全的连接，是一条穿过混乱的公用网络的安全、稳定的隧道。

虚拟专用网络可以实现不同网络的组件和资源之间的相互连接，任意两个节点之间的连接并没有传统专网所需的端到端的物理链路，而是利用某种公众网的资源动态组成的。VPN 是在公网中形成的企业专用链路。采用"隧道"技术，可以模仿点对点连接技术，依靠 ISP（Internet 服务提供商）和其他 NSP（网络服务提供商）在公用网中建立自己专用的"隧道"，让数据包通过这条隧道传输。对于不同的信息来源，可分别给它们开出不同的隧道，提供与专用网络一样的安全和功能保障。

VPN 三个字符表示不同的内涵：

V 即 Virtual，表示 VPN 有别于传统的专用网络，它并不是一种物理的网络，而是企业利用电信运营商所提供的公有网络资源和设备建立的自己的逻辑专用网络，这种网络的好处在于可以降低企业建立并使用"专用网络"的费用。

P 即 Private，表示特定企业或用户群体可以像使用传统专用网一样来使用这个网络资源，即这种网络具有很强的私有性，具体可以表现在：网络资源的专用性和网络的安全性。

N 即 Network，表示这是一种专门组网技术和服务，企业为了建立和使用 VPN，必须购买和配备相应的网络设备。

3.1.2 VPN 的分类

根据不同的用途，可以将 VPN 分为不同的类型。

1. 按照用户的使用情况和应用环境进行分类

（1）Access VPN。远程接入 VPN，移动客户端到公司总部或者分支机构的网关，使用公网作为骨干网在设备之间传输 VPN 的数据流量。

（2）Intranet VPN。内联网 VPN，公司总部的网关到其分支机构或者驻外办事处的网关，通过公司的网络架构连接和访问来自公司内部的资源。

（3）Extranet VPN。外联网 VPN，是在供应商、商业合作伙伴的 LAN 和公司的 LAN 之间的 VPN。由于不同公司网络环境的差异性，该产品必须能兼容不同的操作平台和协议。由于用户的多样性，公司的网络管理员还应该设置特定的访问控制表（Access Control List，

ACL），根据访问者的身份、网络地址等参数来确定它所拥有的访问权限，开放部分资源而非全部资源给外联网的用户。

2．**按照连接方式进行分类**

（1）远程 VPN。

远程访问 VPN 是指总部和所属同一个公司的小型或家庭办公室（Small Office Home Office，SOHO）以及外出员工之间所建立的 VPN。SOHO 通常以 ISDN 或 DSL 的方式接入 Internet，在其边缘使用路由器与总部的边缘路由器、防火墙之间建立起 VPN。移动用户的计算机中已经事先安装了相应的客户端软件，可以与总部的边缘路由器、防火墙或者专用的 VPN 设备建立 VPN。

在过去的网络中，公司的远程用户需要通过拨号网络接入总公司，这需要借用长途功能。使用了 VPN 以后，用户只需要拨号接入本地 ISP 就可以通过 Internet 访问总公司，从而节省了长途开支。远程访问 VPN 可提供小型公司、家庭办公室、移动用户等的安全访问。

（2）站点到站点 VPN。

站点到站点 VPN 指的是公司内部各部门之间，以及公司总部与其分支机构和驻外的办事处之间建立的 VPN。也就是说，通信过程仍然是在公司内部进行的。以前，这种网络都需要借用专线或 Frame-Relay 来进行通信服务，但是现在的许多公司都和 Internet 有连接，因此 Intranet VPN 便替代了专线或 Frame-Relay 进行网络连接。Intranet VPN 是传统广域网的一种扩展方式。

3．**根据隧道协议进行分类**

根据 VPN 的协议，可以将 VPN 分为 PPTP、L2F、L2TP、MPLS、IPSec 和 SSL，如图 3-3 所示。

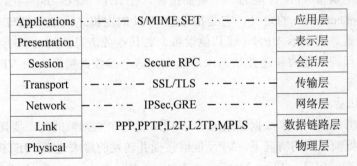

图 3-3　VPN 协议层

3.1.3　VPN 的功能要求

VPN 的主要目的是保护传输数据，是保护从隧道的一个节点到另一节点传输的信息流。信道的两端将被视为可信任区域，VPN 对传输的数据包不提供任何的保护。

VPN 的基本功能应包括以下内容：

（1）数据加密。对通过公网传递的数据必须加密，以保证通过公网传输的信息即使被他人截获也不会泄露。

（2）完整性。保证信息的完整性，防止信息被恶意篡改。

（3）身份识别。能鉴别用户的有效身份，保证合法用户才能使用。

（4）防抵赖。能对使用 VPN 的用户进行身份鉴别，同时可以防止用户抵赖。

（5）访问控制。不同的合法用户有不同的访问权限。防止对任何资源进行未授权的访问，从而使资源在授权范围内使用，决定用户能做什么，也决定代表一定用户利益的程序能做什么。

（6）地址管理。VPN 方案必须能够为用户分配专用网络上的地址，并确保地址的安全。

（7）密钥管理。VPN 方案必须能够生成并更新客户端和服务器的加密密钥。

（8）多协议支持。VPN 方案必须支持公共 Internet 络上普遍使用的基本协议，包括 IP、IPX 等。

3.1.4 VPN 关键性能指标

不同性能的 VPN 设备，需要与所接入的网络相适应，同时权威测评机构（如中国信息安全产品测评认证中心等）在对 VPN 产品进行最大新建连接速率、最大并发连接数、VPN 吞吐量、最大并发用户数、传输时延，在进行上述测试时会搭建独立的测试用环境，并且一般使用专用硬件进行测试，如 Smartbits 等设备。下面我们对这几个常见指标进行说明。

1．最大新建连接速率

用户端访问 VPN 设备时最大同时允许新建连接速度，VPN 值越大，说明 VPN 性能越好。

2．最大并发连接数

并发连接数是衡量 VPN 性能的一个重要指标。在 IETF RFC 2647 中给出了并发连接数（Concurrent Connections）的定义，它是指穿越 VPN 的主机之间或主机与 VPN 之间能同时建立的最大连接数。它表示 VPN（或其他设备）对其业务信息流的处理能力，反映出 VPN 对多个连接的访问控制能力和连接状态跟踪能力，这个参数直接影响到 VPN 所能支持的最大信息点数。

3．VPN 吞吐量

网络中的数据是由一个个数据帧组成的，VPN 对每个数据帧的处理要耗费资源。吞吐量就是指在没有数据帧丢失的情况下，VPN 能够接受并转发的最大速率。IETF RFC 1242 中对吞吐量给出了标准的定义："The Maximum Rate at Which None of the Offered Frames are Dropped by the Device"，明确提出了吞吐量是指在没有丢包时的最大数据帧转发速率。吞吐量的大小主要由 VPN 内网卡及程序算法的效率决定，尤其是程序算法，会使 VPN 系统进行大量运算，通信量大打折扣。很明显，同档次 VPN 这个值越大，说明 VPN 性能越好。

4．最大并发用户数

用户端访问 VPN 设备时最大同时连接的 IP 数量，VPN 值越大，说明 VPN 性能越好。

5. 传输时延

网络的应用种类非常复杂，许多应用对时延非常敏感（如音频、视频等），而网络中加入 VPN 设备（也包括其他设备）必然会增加传输时延，所以较低的时延对 VPN 来说是不可或缺的。测试时延是指测试仪发送端口发出数据包，经过 VPN 后到接收端口收到该数据包的时间间隔，时延有存储转发时延和直通转发时延两种。

除上述指标外，在部分测试中还会进行背靠背缓冲等数据测评，并且随着 VPN 技术的不断发展，更多的测评项也会随之不断增加进来，以分析 VPN 各个应用方面的实际性能。

3.2　VPN 的关键技术

3.2.1　隧道技术

隧道技术是一种通过使用互联网络的基础设施在网络之间传递数据的方式。使用隧道传递的数据（或负载）可以是不同协议的数据帧或数据包。隧道协议将这些其他协议的数据帧或包重新封装在新的包头中发送。新的包头提供了路由信息，从而使封装的负载数据能够通过互联网络传递。

被封装的数据包在隧道的两个端点之间通过公网进行路由。被封装的数据包在公网传递时所经过的逻辑路径称为隧道。一旦到达网络终点，数据将被解包并转发到最终目的地。隧道技术包括数据封装、数据传输和数据解封装的全过程。

隧道类型又可以划分为自愿隧道和强制隧道。

1. 自愿隧道

目前，自愿隧道（Voluntary Tunnel）是最普遍使用的隧道类型。用户或客户端计算机可以通过发送 VPN 请求配置和创建一条自愿隧道。此时，用户端计算机作为隧道客户方成为隧道的一个端点。

当一台工作站或路由器使用隧道客户软件创建到目标隧道服务器的虚拟连接时建立自愿隧道。为实现这一目的，客户端计算机必须安装适当的隧道协议。自愿隧道需要有一条 IP 连接（通过局域网或拨号线路）。使用拨号方式时，客户端必须在建立隧道之前创建与公网的拨号连接。一个最典型的例子是，Internet 拨号用户必须在创建 Internet 隧道之前拨通本地 ISP 取得与 Internet 的连接。对企业内部网络来说，客户机已经具有同企业网络的连接，由企业网络为封装负载数据提供到目标隧道服务器路由。

2. 强制隧道

由支持 VPN 的拨号接入服务器配置和创建一条强制隧道（Compulsory Tunnel）。此时，用户端的计算机不作为隧道端点，而是由位于客户计算机和隧道服务器之间的远程接入服务器作为隧道客户端，成为隧道的一个端点。

目前，一些商家提供能够代替拨号客户创建隧道的拨号接入服务器。这些能够为客户端计算机提供隧道的计算机或网络设备包括支持 PPTP 协议的前端处理器（FEP）、支持 L2TP 协议的 L2TP 接入集线器（LAC）和支持 IPSec 的安全 IP 网关。本节将主要以 FEP 为例进行说明，为正常地发挥功能，FEP 必须安装适当的隧道协议，同时必须能够当客户计算机建立起连接时创建隧道。

以 Internet 为例，客户机向位于本地 ISP 的能够提供隧道技术的 NAS 发出拨号呼叫。例如，企业可以与 ISP 签定协议，由 ISP 为企业在全国范围内设置一套 FEP。这些 FEP 可以通过 Internet 互联网络创建一条到隧道服务器的隧道，隧道服务器与企业的专用网络相连。这样就可以将不同地方合并成企业网络端的一条单一的 Internet 连接。

因为客户只能使用由 FEP 创建的隧道，所以称为强制隧道。一旦最初的连接成功，所有客户端的数据流将自动地通过隧道发送。使用强制隧道，客户端计算机建立单一的 PPP 连接，当客户拨入 NAS 时，一条隧道将被创建，所有的数据流自动通过该隧道路由。可以配置 FEP 为所有的拨号客户创建到指定隧道服务器的隧道，也可以配置 FEP 基于不同的用户名或目的地创建不同的隧道。

自愿隧道技术为每个客户创建独立的隧道。FEP 和隧道服务器之间建立的隧道可以被多个拨号客户共享，而不必为每个客户建立一条新的隧道。因此，一条隧道中可能会传递多个客户的数据信息，只有在最后一个隧道用户断开连接之后才终止整条隧道。

3.2.2　身份认证技术

身份认证是指计算机及网络系统确认操作者身份的过程。身份认证技术从是否使用硬件来看，可以分为软件认证和硬件认证；从认证需要验证的条件来看，可以分为单因子认证、双因子认证及多因子认证；从认证信息来看，可以分为静态认证和动态认证。身份认证技术的发展，经历了从软件认证到硬件认证，从单因子认证到多因子认证，从静态认证到动态认证的过程。现在计算机及网络系统中常用的身份认证方式主要有以下几种。

1. 用户名/密码方式

用户名/密码是最简单也是最常用的身份认证方法，它是基于"你知道什么"的验证手段。每个用户的密码是由这个用户自己设定的，只有他自己才知道，因此只要能够正确输入密码，计算机就认为他就是这个用户。由于许多用户自身忘记密码，或被驻留在计算机内存中的木马程序或网络中的监听设备截获。因此，用户名/密码方式是一种极不安全的身份认证方式。

2. IC 智能卡认证

IC 智能卡是一种内置集成电路的卡片，卡片中存有与用户身份相关的数据，IC 卡由专门的厂商通过专门的设备生产，可以认为是不可复制的硬件。IC 卡由合法用户随身携带，登录时必须将 IC 卡插入专用的读卡器读取其中的信息，以验证用户的身份。IC 卡认证是基于"你有什么"的手段，通过 IC 卡硬件不可复制来保证用户身份不会被仿冒。然而由于每次从 IC 卡中读取的数据还是静态的，通过内存扫描或网络监听等技术还是很容易截取到用户的身份验证信息。因此，静态验证的方式还是存在根本的安全隐患。

3. 动态口令技术

动态口令技术是一种让用户的密码按照时间或使用次数不断动态变化，每个密码只使用一次的技术。它采用一种称为动态令牌的专用硬件，内置电源、密码生成芯片和显示屏，密码生成芯片运行专门的密码算法，根据当前时间或使用次数生成当前密码，并显示在屏幕上。认证服务器采用相同的算法计算当前的有效密码。用户使用时，只需将动态令牌上显示的当前密码输入客户端计算机，即可实现身份的确认。由于每次使用的密码必须由动态令牌来产生，只有合法用户才持有该硬件，所以只要密码验证通过就可以认为该用户的身份是可靠的。而用户每次使用的密码都不相同，即使黑客截获了一次密码，也无法利用这个密码来仿冒合法用户的身份。

动态口令技术采用一次一密的方法，有效地保证了用户身份的安全性。但是如果客户端硬件与服务器端程序的时间或次数不能保持良好的同步，就可能发生合法用户无法登录的问题。并且用户每次登录时还需要通过键盘输入长串无规律的密码，一旦看错或输错就要重新来过，用户的使用非常不方便。

4. 生物特征认证

生物特征认证是指采用每个人独一无二的生物特征来验证用户身份的技术。常见的有指纹识别、虹膜识别等。从理论上说，生物特征认证是最可靠的身份认证方式，因为它直接使用人的物理特征来表示每一个人的数字身份，不同的人具有相同生物特征的可能性可以忽略不计，因此几乎不可能被仿冒。

生物特征认证基于生物特征识别技术，受到现在的生物特征识别技术成熟度的影响，采用生物特征认证还具有较大的局限性。首先，生物特征识别的准确性和稳定性还有待提高，特别是如果用户身体受到伤病或污渍的影响，往往导致无法正常识别，造成合法用户无法登录的情况。其次，由于研发投入较大和产量较小的原因，生物特征认证系统的成本非常高，目前只适合于一些安全性要求非常高的场所（如银行、部队等）使用，还无法做到大面积推广。

5. USB Key 认证

基于 USB Key 的身份认证方式是近几年发展起来的一种方便、安全、经济的身份认证技术，它采用软硬件相结合、一次一密的强双因子认证模式，很好地解决了安全性与易用性之间的矛盾。USB Key 是一种 USB 接口的硬件设备，它内置单片机或智能卡芯片，可以存储用户的密钥或数字证书，利用 USB Key 内置的密码学算法实现对用户身份的认证。基于 USB Key 身份认证系统主要有两种应用模式：一是基于冲击/响应的认证方式；二是基于 PKI 体系的认证方式。

USB Key 作为数字证书的存储介质，可以保证数字证书不被复制，并可以实现所有数字证书的功能。

3.2.3　加/解密技术

加/解密技术是保障信息安全的核心技术。数据加密技术主要分为数据传输加密和数据存储加密。数据传输加密技术主要是对传输中的数据流进行加密，常用的有链路加密、节点加密和端到端加密 3 种方式。

数据加密过程就是通过加密系统把可识别的原始数据，按照加密算法转换成不可识别的数据的过程。常用的对称加密算法包括 DES、3DES、AES、IDEA 等。

非对称加密算法包括 RSA、Elgamal、Diffie-Hellman、ECC 等。哈希函数是将任意长度的消息映射成一个较短的固定输出报文的函数，包括 MD5、SHA-1、SHA-256 等。由于对称加密算法和非对称加密算法具有各自的优、缺点，往往结合在一起使用。

3.2.4　密钥管理

密钥管理是在授权各方之间实现密钥关系的建立和维护的一整套技术和程序。

密钥管理负责密钥的生成、存储、分配、使用、备份/恢复、更新、撤销和销毁等。现代密码系统的安全性并不取决于对密码算法的保密或者对加密设备等的保护，一切秘密寓于密钥之中。因此，有效地进行密钥管理对实现 VPN 至关重要。VPN 在使用中，通常使用密码认证或者数字证书认证，相应的密钥管理就涉及私钥的安全管理和公钥数字证书的管理。

3.3　VPN 隧道技术

创建隧道的过程类似于在双方之间建立会话；隧道的两个端点必须同意创建隧道并协商隧道各种配置变量，如地址分配、加密或压缩等参数。绝大多数情况下，通过隧道传输的数据都使用基于数据报的协议发送。隧道维护协议被用来作为管理隧道的机制。

隧道一旦建立，数据就可以通过隧道发送。隧道客户端和服务器使用隧道数据传输协议准备传输数据。例如，当隧道客户端向服务器端发送数据时，客户端首先给负载数据加上一个隧道数据传送协议包头，然后把封装的数据通过互联网络发送，并由互联网络将数据路由到隧道的服务器端。隧道服务器端收到数据包后，去除隧道数据传输协议包头，然后将负载数据转发到目标网络。

目前主流的 VPN 协议包括 PPTP 协议、L2TP 协议、IPSec 协议、GRE 协议、SSL 协议和 MPLS 协议等。

3.3.1　点对点隧道协议（PPTP 协议）

点对点隧道协议（Point to Point Tunneling Protocol，PPTP）最早是微软为安全的远程访问连接开发的，是点到点协议（PPP）的延伸。

1. PPTP 的特性

（1）压缩。数据压缩通常是由微软的点对点压缩（MPPC）协议对 PPP 的有效负载进行处理，PPTP 和 L2TP 都支持这个功能，通常对拨号用户是启动的。

（2）加密。数据加密是由微软的点对点加密（MPPE）协议对 PPP 的有效负载进行处理。这个加密协议使用 RSA 的 RC4 加密算法，PPTP 使用这种方法，而 L2TP 使用 IPSec，更安全些。使用 MPPE，在用户验证期间产生的初始密钥用于加密算法，并且会周期性的重新产生。

（3）用户验证。用户验证是通过使用 PPP 的验证方法实现的，如 PAP、CHAP 或 EAP，MPPE 的支持需要使用 MS-CHAPv1 或 v2，如果使用的是 EAP，可以从大范围内的验证方法中进行选择，这包括静态口令或一次性口令。

（4）数据传递。数据使用 PPP 打包，接着被封装进 PPTP/L2TP 的包中，通过使用 PPP，PPTP 可以支持多种传输协议。

（5）客户端编址。使用 PPP 的网络控制协议 NCP，PPTP 和 L2TP 支持对客户端的动态编址。

2. PPTP 工作的 4 个阶段

（1）阶段 1。在阶段 1 中，链路控制协议 LCP 用于发起连接，这包括协商第 2 层参数，如验证的使用、使用 MPPC 做压缩、使用 MPPE 做加密、协议和其他的 PPP 特性——实际的加密和压缩在第 4 阶段协商。

（2）阶段 2。用户被服务验证，PPP 支持 4 种类型的验证，分别为 PAP、CHAP、MS-CHAPv1、MS-CHAPv2。

（3）阶段 3。这是一个可选阶段，通过使用回拨控制协议，CBCP 可以提供回拨控制功能，如果启动了回拨，一旦验证阶段完成，服务器会与客户断开，并且用基于它数据库中的这个客户的电话号码来回拨这个客户，这可以用来提供额外的安全性，限制用户使用特定的电话号码发起连接，减少访问攻击的可能性。

（4）阶段 4。在此阶段，会调用在阶段 1 协商的用于数据连接的协议，这些协议包括 IP、IPX、数据压缩算法、加密算法和其他协议，阶段 4 完成后就可以通过 PPP 连接发送了。

3. PPTP 组件

PPTP 使用 PPP，然而并没有改变 PPP 协议，相反，PPP 用于通过一个 IP 网络将数据包通过隧道传送出去，PPTP 对于远程访问连接是基于客户/服务器架构，它包括两个实体：客户和服务器。

客户（PAC）负责发起和建立到 PNS 的连接，使用 LCP 进行协商，并且参与 PPP 的验证过程。通过 PPP 数据包，以隧道的形式把包发送到服务器。

服务器（PNS）负责验证 PAC、处理通道汇聚和集束管理的 PPP 多链路、终止 NCP 协议、路由选择或桥接 PAC 的被封装的流量到另外的地方，它取出隧道中被保护的 PPP 数据，检验并解密这个数据包，并且转发被封装的 PPP 有效负载信息。

在 PAC 和 PNS 之间，有两种连接。一个是控制连接，负责建立、维护和拆除数据隧道，它使用 TCP 作为传输协议来携带这个信息。目标端口号为 1723，这个连接可以从 PNS 或 PAC 建立。另一个是数据连接，它使用的是扩展版本的通用路由封装 GRE 协议（协议号 47），这个协议对隧道的 PPP 数据包提供传输、流控和拥塞管理。

3.3.2 第二层隧道协议（L2TP 协议）

第二层隧道协议（Layer2 Tunneling Protocol，L2TP）是 PPTP 和 L2F（第二层转发协议）的组合，其定义在 RFC2661 和 3428 中。L2TP 就像 PPTP 一样，将用户的数据封装到 PPP 帧中，然后把这些帧通过一个 IP 骨干网传输，与 PPTP 不同的是，L2TP 对隧道维护和用户数据都使用 UDP 作为封装方法。PPTP 使用 MPPE 作为加密，而 L2TP 依赖于更安全的方案，L2TP 的数据包是被 IPSec 的 ESP 使用传输模式保护，合并了 IPSec 的安全性优点和用户验证、隧道地址分配和配置，及 PPP 的多协议支持这些优点。虽然也可以使用 L2TP 而无需 IPSec，但问题是 L2TP 自身不能执行任何加密，所以需要依赖于他人的帮助。因此，许多 L2TP 实施都包括对 IPSec 的使用。这种组合通常称为 L2TP over IPSec 或 L2TP/IPSec。

使用 L2TP，有两种隧道类型：Voluntary（自愿的）和 Compulsory（强制的）。

在自愿隧道中，用户的 PC 和服务器是隧道的终端。远程访问用户运行 L2TP/IPSec 软件，并且建立到服务器的 VPN 连接，此工作在用户使用拨号连接访问服务器或使用自己的 LAN NIC 的情况下完成。

在强制隧道中，用户的 PC 不是隧道的终端，相反，某些在用户 PC 前面的设备，如一台访问服务器，充当隧道的终端（这类似于使用一个硬件的客户端，而不是软件客户），负责建立隧道。发起隧道连接的设备通常被称为 L2TP 访问集中器（LAC），在 PPTP 中，这被称为前端处理器（FEP），服务器通常被称为 L2TP 网络服务器（LNS）。因为客户需要使用由 LAC/FEP 建立的隧道，所以被称为"强制"。

L2TP/IPSec 和 PPTP 比较，协议的最大不同点是加密方式的不同。

使用 PPTP，只有 PPP 的有效载荷被加密，外部头是用明文形式发送的，但是 L2TP/IPSec 加密整个 L2TP 的消息。PPTP 使用 MPPE 来加密 PPP 的有效载荷，MPPE 使用 RSA 的 RC-4 加密算法，它支持 40 位、56 位和 128 位的加密密钥。L2TP/IPSec 支持 DES、3DES 以及 AES 加密算法。

已经证明 RC-4 可以被攻破，同样事情也发生在 IPSec 的 DES 中，然而，3DES 和 AES 还没有证明被攻破，所以它们是更安全的加密选择。

使用 PPTP，用户验证可以只使用 PPP 的验证方法完成。L2TP 支持这一点，而且还支持 IPSec 支持的设备验证。

PPTP 相对于 L2TP/IPSec 的优点是更简单，因此易于建立和排除故障。PPTP 客户端和服务器可以放置在 NAT 设备之间，也可能放置在 PAT 设备之间。L2TP/IPSec 可以和 NAT 设备一起使用，但是除非使用了 NAT-T、IPSec over TCP 或其他厂商私有的方法，否则 PAT 会失败，

IPSec 方法需要在 IPSec 的设备上做特别的配置，而在 PPTP 上就不用这么做。

　　L2TP/IPSec 的优点在于安全性更强。IPSec 通过使用证书或 EAP，支持更强的验证，这比 PPP 的 PAP/CHAP/MS-CHAP 要强，IPSec 可以提供数据验证、数据完整性、数据加密和抗回放保护，而 PPTP 只提供数据加密。IPSec 在所有的情况下都加密整个 PPP 的数据包，PPTP 不加密初始的 LCP 协商，因此，它更易于受到会话截获攻击或会话回放攻击。

3.3.3　IPSec 协议

　　IPSec 协议（Internet 安全协议）是一个工业标准网络安全协议，为 IP 网络通信提供透明的安全服务，保护 TCP/IP 通信免遭窃听和篡改，可以有效抵御网络攻击，同时保持易用性。

　　1.　IPSec 的目标

　　为 IP（包括 IPv4 和 IPv6）及其上层协议（如 TCP、UDP 等）提供一套标准（互操作性）、高效并易于扩充的安全机制。

　　2.　IPSec 的工作原理

　　IPSec 协议不是一个单独的协议，它给出了应用于 IP 层上网络数据安全的一整套体系结构，包括网络认证协议 AH（Authentication Header）、封装安全载荷协议 ESP（Encapsulating Security Payload）、密钥管理协议 IKE（Internet Key Exchange）和用于网络认证及加密的一些算法等。

　　IPSec 规定了如何在对等层之间选择安全协议，确定安全算法和密钥交换，向上提供了访问控制、数据源认证、数据加密等网络安全服务。

　　3.　IPSec 提供的安全服务

- 存取控制。
- 无连接传输的数据完整性。
- 数据源验证。
- 抗重复攻击（Anti-Replay）。
- 数据加密。
- 有限的数据流机密性。

　　4.　IPSec 的组成

　　（1）安全协议。包括验证头和封装安全载荷两个协议。

　　验证头（AH）协议：进行身份验证和数据完整性验证。AH 协议为 IP 通信提供数据源认证、数据完整性和反重播保证，它能保护通信免受篡改，但不能防止窃听，适合用于传输非机密数据。

　　封装安全载荷（ESP）：进行身份验证、数据完整性验证和数据加密。ESP 为 IP 数据包提供完整性检查、认证和加密，可以看作是"超级 AH"，因为它提供机密性并可防止篡改。ESP 服务依据建立的安全关联（SA）是可选的。

　　（2）安全关联（Security Associations，SA）：其可看作一个单向逻辑连接，它用于指明如何保护在该连接上传输的 IP 报文。

SA 安全关联是单向的，在两个使用 IPSec 的实体（主机或路由器）间建立的逻辑连接，定义了实体间如何使用安全服务（如加密）进行通信。它由下列元素组成：①安全参数索引 SPI；②IP 目的地址；③安全协议。

（3）密钥管理：进行 Internet 密钥交换（The Internet Key Exchange，IKE）。

IKE 用于通信双方动态建立 SA，包括相互身份验证、协商具体的加密和散列算法以及共享的密钥组等。IKE 基于 Internet 安全关联和密钥管理协议（ISAKMP），而后者基于 UDP 实现（端口 500）。

（4）加密算法和验证算法：具体负责加/解密和验证。

加密算法可选算法包括 DES、3DES、AES，数据摘要算法包括 HD5 和 SHA-1 等。

5．IPSec 保护下的 IP 报文格式

如图 3-4 所示为传送模式（传输模式）和隧道模式两种模式下的封装方式。图中 IPSec 头字段在 AH 和 ESP 两种封装方式下填充的内容不同，加密方式和 Hash 运算方式都有不同。

图 3-4　受 IPSec 保护的 IP 报文

3.3.4　GRE 协议

在 Cisco 的路由器中，三层隧道包括下面几种封装协议：GRE、Cayman（一种为了在 IP 上传输 AppleTal 有优先级的协议）、EON（一种在 IP 网上运载 CLNP 的标准协议）、NOS、DVMRP。封装协议虽然很多，但基本都实行了大致的功能，即通过封装，使一种网络协议能够在另一种网络协议上传输。目前 VRP 1.2 只实现 GRE 封装形式。

GRE 协议与上述的其他封装形式很相似，但比它们更通用。很多协议的细微差异都被忽略，这就导致了它不被建议用在某个特定的"X over Y"进行封装，所以是一种最基本的封装形式。下面简要介绍 GRE 数据报的格式。

1．GRE 报文格式

在最简单的情况下，系统接收到一个需要封装和路由的数据报，我们称之为有效报文（Payload）。这个有效报文首先被 GRE 封装，然后被称为 GRE 报文，然后被封装在 IP 报头中，最后完全由 IP 层负责此报文的转发（Forwarded）（我们也称这个负责转发的 IP 协议为

传递（Delivery）协议或传输（Transport）协议。整个被封装的报文如图 3-5 所示。

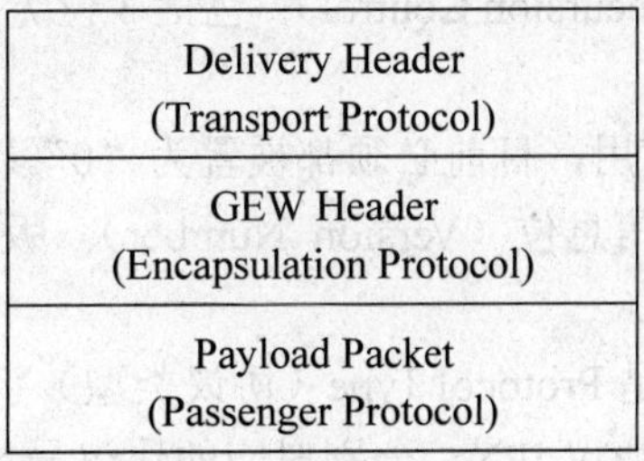

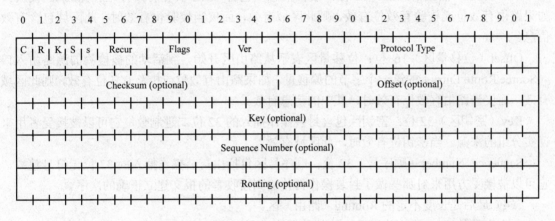

图 3-5　完整报文格式

其中，GRE 报文头的格式如图 3-6 所示。

图 3-6　GRE 报头格式

下面简要说明字段的含义。

（1）GRE 报头的前 32 位（4 个字节）是必须要有的，构成了 GRE 的基本报头。其中前 16 位是 GRE 的标记码，具体来说：

第 0 位——校验有效位（Checksum Present）：如果置"1"，则校验信息区有效。如果校验有效位或路由有效位被置"1"，则 GRE 报文中，校验信息区和分片位移量区都有效。默认置"0"。

第 1 位——路由有效位（Routing Present）：如果置"1"，则表明分片位移量区和路由区有效，否则分片位移量区和严格源路由区无效（无严格源路由区）。默认置"0"。

第 2 位——密钥有效位（Key Present）：如果置"1"，表示在 GRE 报头中密钥信息区有效，否则密钥信息区无效（无密钥信息区）。默认置"0"。

第 3 位——顺序号有效位（Sequence Number Present）：如果置"1"，表示顺序号信息区有效，否则无效（无顺序号信息区）。默认置"0"。

第 4 位——严格源路由有效位（Strict Source Route）：只有在保证所有路由信息采用严格

源路由方式时，该位才置"1"。默认置"0"。

第 5 位——递归控制位（Recursion Control）：包括 3 位无符号整数，即被允许的附加的封装次数。默认都设置为"0"。

5~12 位——被保留将来使用，目前必须都被置为"0"。

13~15 位——保留的版本信息位（Version Number）：版本号中必须包含 0，目前被置为"000"。

（2）GRE 报头的后 16 位是 Protocol Type（协议类型）字，明确有效数据报的协议类型。最基本的是以 IP 协议和以太网协议 IPX，分别对应的协议号为 0x800 和 0x8137。

（3）下面是可选的 GRE 报头区（默认都没有）。

Checksum（校验信息区）16 位：校验信息区包含 GRE 头和有效分组补充的 IP 校验。如果路由有效位或校验有效位有效，则此区域有效，而仅当校验位有效时，此区域包含有效信息。

Offset（位移量区）16 位：位移量区表示从路由区开始，到活动的被检测的源路由入口（Source Route Entry）的第一个字节的偏移量。如果路由有效位或校验有效位有效，则此区域有效，而仅当路由有效位有效时，其中的信息有效。

Key（密钥区）32 位：密钥区包含封装操作插入的 32 位二进制数，它可以被接受者用来证实分组的来源。当密钥位有效时，此区域有效。

Sequence Number（顺序号）32 位：顺序号区包括由封装操作插入的 32 位无符号整数，它可以被接受方用来对那些做了封装操作再传输到接收者的报文建立正确的次序。

（4）最后是长度不定的 Routing（路由）区。

一个完整的 GRE 报文头即由上述的数据格式所构成。

2. GRE 工作过程

因为 GRE 是 Tunnel 接口的一种封装协议，所以要进行 GRE 封装，首先必须建立 Tunnel。一旦隧道建立起来，就可以进行 GRE 的加封装和解封装。

（1）加封装过程。

由连接 Novell Group1 的 Ethernet 0 接口收到的 IPX 数据报首先交由 IPX 模块处理，IPX 模块检查 IPX 包头中的目的地址域确定如何路由此包。如果包的目的地址被发现要路由经过网号为 1f 的网络（为虚拟网号），则将此包发给网号为 1f 的端口，即为 Tunnel 端口。Tunnel 收到此包后交给 GRE 模块进行封装，GRE 模块封装完成后交由 IP 模块处理，IP 模块做完相应处理后，根据此包的目的地址及路由表交由相应的网络接口处理。

（2）解封装过程。

解封装的过程则和上述加封装的过程相反。从 Tunnel 接口收到的报文交给 IP 模块，IP 模块检查此包的目的地址，发现是此路由器后进行相应的处理（和普通的 IP 数据报相同），剥掉 IP 包头然后交给 GRE 模块，GRE 模块进行相应处理后（如检验密钥等），去掉 GRE 包头后交给 IPX 模块，IPX 模块将此包按照普通的 IPX 数据报处理即可。

3. GRE 提供的服务

GRE 模块的实现提供了以下几种服务。

（1）多协议的本地网通过单一协议的骨干网传输的服务，如图 3-7 所示。

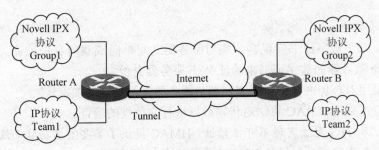

图 3-7　多协议通过单一协议传输

通过在 Router A 和 Router B 之间建立隧道，运行 IPX 协议的 Group1 和 Group2 可以进行通信，运行 IP 协议的 Team1 和 Team2 之间也可以进行通信，且两者之间互不影响。

（2）扩大了 IPX 网络的工作范围。

IPX 包最多可以转发 16 次（即经过 16 个路由器），而在经过了一个隧道连接中由于 IPX 的报文被完整地封装起来，只在对端才解封装，所以在隧道两端看上去只经过一个路由器。

（3）将一些不能连续的子网连接起来，如图 3-8 所示。

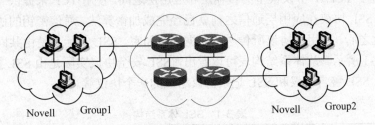

图 3-8　不能连续的子网连接起来

Group1 和 Group2 是两个分别在北京和上海的 Novell 子网，运行 IPX 协议。现在想通过 Internet 连接起来，则可以通过建立隧道来实现。上述 Tunnel 设置实现了通过 WAN 网建立 VPN，Group1 和 Group2 实现了网间通信。

3.3.5　SSL 协议

安全套接字层协议（Secure Sockets Layer，SSL）保护着 Internet 上的数据传输，在很多情形下，我们依赖 SSL 验证服务器并保护通信信息的隐私。

1. SSL 概述

SSL 是由 Netscape 通信公司在 1994 年开发的，用来保护万维网上交易的安全性。SSL 协议的版本 1 和版本 2 只提供服务器认证，版本 3 作为可选项添加了客户端认证，此认证同时需要客户端和服务器的数字证书。随着 SSL 技术不断成熟和广泛应用，Internet 工程任务组（IETF）基于 SSL 3.0 开发了一个具有相同功能的标准，称为传输层安全性（TLS）协议。SSL 能够提供较强的身份验证、消息保密性和数据完整性，保护客户端与服务器通信免受窃听、篡改数据和消息伪造。

2. SSL 加密特点

身份验证：基于数字证书实现客户端与服务器之间单向或双向身份验证。通常是由客户端通过请求 Web 服务器的数字证书来验证 Web 服务器身份。

保密性：采用对称加密算法实现客户端与服务器之间数据的加密。

消息完整性：采用 HMAC 算法对传输数据进行完整性的验证。

注意：SSL 和 TLS 无法实现不可抵赖性。HMAC 提供了某些签名功能而没有使用公钥算法，只是用一个共享密钥对数据的 MD5 哈希值进行加密。

3. SSL 协议工作原理

SSL 和 TLS 在传输控制协议（TCP）中，通过结合对称和非对称算法提供了加密、身份验证和数据完整性。在建立 SSL 会话时，要使用服务器的公钥证书来验证服务器身份，并使用服务器的公钥加密以保护在客户端和服务器之间安全交换共享密钥，并使用共享密钥生成在 SSL 通信过程中对称加密算法和基于哈希的消息验证码（HMAC）所需要的加密密钥和消息验证码，以确保客户端与服务器之间数据传输的保密性和完整性。

SSL 协议位于 TCP/IP 协议模型的传输层和应用层之间，使用 TCP 来提供一种可靠的端到端的安全服务。SSL 协议在应用层通信之前就已经完成加密算法、通信密钥的协商以及服务器认证工作，在此之后，应用层协议所传送的数据都被加密。SSL 实际上是由共同工作的两层协议组成，如表 3-1 所示。从体系结构表可以看出，SSL 安全协议实际是由 SSL 握手协议、SSL 密钥修改协议、SSL 警告协议和 SSL 记录协议组成的一个协议簇。

表 3-1   SSL 体系结构

SSL 握手协议	SSL 密钥修改协议	SSL 警报协议
SSL 记录协议		

SSL 记录协议：该子协议主要是为 SSL 连接提供保密性和消息完整性保护。当通过 SSL 握手协议确定了客户端和服务器之间密码套件后，客户端和服务器都拥有了加密和消息完整性验证所需的共享密钥，并且身份验证过程也已完成，客户端和服务器之间的安全数据交换可以开始了。在通信过程中，SSL 记录协议实现安全数据交换过程涉及以下步骤：

（1）使用商定的压缩方法压缩数据。

（2）根据商定的消息完整性验证方法创建数据的哈希值。

（3）根据商定的加密方法加密数据。

（4）发送数据到客户端或服务器。

（5）根据商定的解密方法解密数据。

（6）使用商定的消息完整性验证方法验证数据完整性。

（7）使用商定的压缩方法解压数据。

SSL 密钥修改协议：该子协议主要为了进一步加强 SSL 通信过程的安全性，规定 SSL 通信双方在通信过程中每隔一段时间改变共享加密。协议由单个消息组成，该消息只包含一个值为 1 的单个字节。该消息的作用就是协助通信双方更新用于当前连接的共享密码。

SSL 警报协议：该协议是用来为对等实体传递 SSL 的相关警告。如果在通信过程中，某一方发现任何异常，就需要给对方发送一条警报消息。警报消息有两种：一种是关键错误警告消息，如传递数据过程中，通过完整性验证算法发现传输数据有完整性错误，双方就需要立即中断会话，同时清除自己缓冲区相应的会话记录；另一种是一般性的警告消息，在这种情况下，通信双方通常都只是记录日志，而通信过程仍然继续。

SSL 握手协议：该协议主要用于建立 SSL 会话，并完成密码套件协商、确定并交换共享密钥和身份验证。在建立 SSL 会话时，要使用服务器的公钥证书来实现客户端和服务器之间安全地交换共享密钥。以下步骤介绍了建立 SSL 会话的主要过程：

①客户端向服务器请求公钥证书。

②服务器发送公钥证书给客户端。

③客户端发送用服务器的公钥加密的会话密钥给服务器。

④服务器用公钥证书对应的私钥解密从客户端收到的会话密钥。

在①和②的通信过程中，客户端除了请求并验证服务器的公钥证书外，还要完成密码套件的协商，协商的密码套件组合包括协议版本、公钥交换算法、对称加密算法、消息摘要算法、数据压缩方法等。密码套件协商示例如表 3-2 所示。

表 3-2　密码套件协商示例表

参数	客户端请求	服务答复
协议版本	如果可能，使用 TLSv1 或 SSLv3	TLSv1
公钥加密算法	如果可能，使用 RSA 或 Diffie-Hellman	RSA
对称密钥加密算法	如果可能，使用 3DES 或 DES	3DES
消息摘要算法	如果可能，使用 SHA1 或 MD5	SHA1
数据压缩方法	如果可能，使用 PKzip 或 Gzip	PKzip

在③和④的通信过程中，需要确定并交换相应的共享密钥。该共享密钥是作为"预备主密钥"（Pre-Master Secret），在通信双方得到"预备主密钥"后，将其转换成主密钥，并通过相应算法计算得到用来加密和解密客户端与服务器间交换的数据所需的对称加密密钥，实现完整性 HMAC 算法所需的消息验证码和加密系统所需的初始值。完成后每端将得到 6 个密钥，其中三个用于服务器到客户端的通信加密、消息完整性验证码以及初始化加密系统的初

始值，另外三个用于客户端到服务器的相应密钥。密钥交换后所得的密钥值示例如表 3-3、表 3-4 所示。

表 3-3　客户端获得的密钥示例

用途	客户端服务器	服务器到客户端
对称加密密钥	S12	S21
消息验证码	M12	M21
加密系统初始化 IV	IV12	IV21

表 3-4　服务器端获得的密钥示例

用途	服务器到客户端	客户端服务器
对称加密密钥	S21	S12
消息验证码	M21	M12
加密系统初始化 IV	IV21	IV12

当我们与一个网站建立 https 连接时，我们的浏览器与 Web Server 之间要经过一个握手的过程来完成身份验证与密钥交换，从而建立安全连接。其具体过程如下：

（1）用户浏览器将其 SSL 版本号、加密设置参数、与会话有关的数据以及其他一些必要信息发送到服务器。

（2）服务器将其 SSL 版本号、加密设置参数、与会话有关的数据以及其他一些必要信息发送给客户端浏览器，同时发给浏览器的还有服务器的证书。如果配置服务器的 SSL 需要验证用户身份，还要发出请求要求浏览器提供用户证书。

（3）客户端检查服务器证书，如果检查失败，提示不能建立 SSL 连接。如果成功，那么继续。客户端浏览器为本次会话生成 pre-master secret，并将其用服务器公钥加密后发送给服务器。如果服务器要求验证客户身份，客户端还要对另一些数据签名后，并将其与客户端公钥证书一起发送给服务器。

（4）如果服务器要求验证客户身份，则检查签署客户证书的 CA 是否可信。如果不在信任列表中，结束本次会话。如果检查通过，服务器用自己的私钥解密收到的 pre-master secret。

（5）客户端与服务器通过某些算法生成本次会话的 master secret，使用此 master secret 生成本次会话的会话密钥（对称密钥）、消息验证码和加密系统所需的初始值。

（6）客户端通知服务器此后发送的消息都使用这个会话密钥进行加密，并通知服务器客户端已经完成本次 SSL 握手。

（7）服务器通知客户端此后发送的消息都使用这个会话密钥进行加密，并通知客户端服务器已经完成本次 SSL 握手。

（8）本次握手过程结束，会话已经建立。双方使用同一个会话密钥分别对发送及接收的信息进行加、解密。

3.3.6　MPLS 协议

1．MPLS 的概念

多协议标记交换（Multi-Protocol Label Switching，MPLS）是一种可提供高性价比和多业务能力的交换技术，它解决了传统 IP 分组交换的局限性，在业界受到了广泛的重视，并在中国网通、中国铁通全国骨干网等网络建设中得到了实践部署。采用 MPLS 技术可以提供灵活的流量工程、虚拟专网等业务，同时，MPLS 也是能够完成涉及多层网络集成控制与管理的技术。

MPLS 是一种第三层路由结合第二层属性的交换技术，引入了基于标签的机制，它把路由选择和数据转发分开，由标签来规定一个分组通过网络的路径。MPLS 网络由核心部分的标签交换路由器（LSR）和边缘部分的标签边缘路由器（LER）组成。LSR 可以看作是 ATM 交换机与传统路由器的结合，由控制单元和交换单元组成；LER 的作用是分析 IP 包头，用于决定相应的传送级别和标签交换路径（LSP）。标签交换的工作过程可概括为以下 3 个步骤：

（1）由 LDP（标签分布协议）和传统路由协议（OSPF、IS-IS 等）一起，在 LSR 中建立路由表和标签映射表。

（2）LER 接收 IP 包，完成第三层功能，并给 IP 包加上标签；在 MPLS 出口的 LER 上，将分组中的标签去掉后继续进行转发。

（3）LSR 对分组不再进行任何第三层处理，只是依据分组上的标签，通过交换单元对其进行转发。

2．MPLS 涉及的关键部件及术语

（1）标记交换路由器（LSR）。根据预算交换表交换标记包的核心设备。这个设备可以是交换机，也可以是路由器。

（2）标记（LABLE）。一个报头，LSR 用它来传送包。报头格式取决于网络特性。在路由网络中，标记是一个分离的、32 比特报头。在 ATM 网络中，此标记被置于虚通路标识器（VPI）/虚通道标识器（VCI）的信头中。在核心部分，LSRs 只读取标记，而不是网络层包头。MPLS 可伸缩性的一个关键是标记只在交换信息的两个设备之间有意义。标记的长度是固定的，用来标识特定的 FEC 标识符。通常情况下，根据网络层的目的地址将数据包分配给某个 FEC。如果 Ru 和 Rd 都是 LSR（Label Switching Router），假设数据包由 Ru 发送到 Rd，Ru 将标记绑定 L 到特定的 FEC f。在这样的情况下，标记 L 作为 Ru 的"出标记"代表 FEC f，同时标记 L 作为 Rd 的"入标记"代表 FEC f。

（3）边界标记交换路由器（Edge LSR）。边界设备完成初始的包处理和分类，并且应用第一个标记。这个设备可以是一个路由器，也可以是一个有路由功能的交换机。

（4）标记交换路径（LSP）。路径是由在两个端点的所有被指定的标记所决定。一个 LSP 可以是动态的，也可以是静态的。动态 LSP 是利用路由信息自动提供的；静态 LSP 是被明确

Chapter 3

指定的。

（5）标记虚电路（LVC）。在 ATM 传输层建立一个"一跳下一跳"的连接，用以实现一个 LSP。不同于 ATM 虚电路的是，LVC 不是端到端地被执行，也不浪费带宽。

（6）标记分配协议（LDP）。即通信标记及其在 LSRS 间的意义。它在边界指定标记，核心设备根据路由协议（如 OSPF、IS-IS、EIGRP RIP or BGP）建立 LSPS。

3．MPLS 的优点

MPLS 的最大优点便是它是标准化的交换技术。目前已被众多的网络厂商所接收。现在 MPLS 已经被众多的厂商看作下一代的网络交换技术，目前 Bay 和 Fore 等厂商已经推出了基于 MPLS 的网络产品。MPLS 较传统的网络产品有以下优点：

（1）所支持的 Explicit 路由技术。

Explicit 路由技术是 MPLS 网络技术的关键部分。Explicit 路由技术较传统中 IP 的 Source 路由技术有更高的效率。同时 Explicit 路由技术还提供其他的附加技术，如前面所提到的隧道技术，可以轻松承载各种业务，如 IPX。

（2）更好地支持虚拟专网。

目前所提出的 VPN 解决方案，大部分都是基于在租用线路上使用加密算法来保证其安全和可靠性。而 MPLS 可以轻松地将不同业务分隔开来（即便在 MPLS 网络内部），从而能轻松地构筑 VPN。

（3）多种协议和多连接的支持。

在 MPLS 网络中，标记交换并不指定由特定的网络层来完成，如在 MPLS 网络可以支持 IP 和 IPX 两种网络协议。

（4）域内路由。

MPLS 标记交换将 MPLS 网络视为内部域，将传统的网络分隔开来。可以将传统接入 MPLS 边缘设备（类似于 MPOA 的应用），从而大大提高网络的可升级性。

4．MPLS VPN

MPLS VPN 是一种基于 MPLS 技术的 IP-VPN，根据 PE（Provider Edge）设备是否参与 VPN 路由处理又细分为二层 VPN 和三层 VPN，一般而言，MPLS/BGP VPN 指的是三层 VPN。

在 MPLS/BGP VPN 的模型中，网络由运营商的骨干网与用户的各个 Site 组成。所谓 VPN，就是对 Site 集合的划分，一个 VPN 就对应一个由若干 Site 组成的集合。MPLS/BGP VPN 所包含的基本组件有：PE（Provider Edge Router，骨干网边缘路由器）是 MPLS L3VPN 的主要实现者；CE（Custom Edge Router，用户网边缘路由器）；PR（Provider Router，骨干网核心路由器）负责 MPLS 转发；VPN 用户站点（Site）：VPN 中的一个孤立的 IP 网络。一般来说，不通过骨干网不具有连通性，公司总部、分支机构都是 Site 的具体例子。

在 MPLS/BGP VPN 中，属于同一 VPN 的两个 Site 之间转发报文使用两层标签，在入口 PE 上为报文打上两层标签，外层标签在骨干网内部进行交换，代表了从 PE 到对端 PE 的一条隧道，VPN 报文打上这层标签，就可以沿着 LSP 到达对端 PE，然后再使用内层标签决定报文应该转发到哪个 Site 上。

　　MPLS-VPN 可以实现跨地域、安全、高速、可靠的数据、语音、图像多业务通信，并结合差别服务、流量工程等相关技术，将公众网可靠的性能、良好的可扩展性、丰富的功能与专用网的安全、灵活、高效结合在一起，为用户提供高质量的服务。

3.4　系统部署

　　VPN 系统可以使用两种部署方式，即网关模式和旁路模式，通常使用网关模式。采用这种模式无须使用昂贵的专线，而且这种模式本身具有防火墙功能，可以减少其他网关设备的投入。需要说明的是，在实际应用中，很少部署单一的 VPN 系统，很多时候是将 VPN 与防火墙做在一个硬件设备上，减少设备成本。

3.4.1　网关接入模式

　　网关（Gateway）又称网间连接器、协议转换器。网关在传输层上实现网络互联，是最复杂的网络互联设备，仅用于两个高层协议不同的网络互联。网关既可以用于广域网互联，也可以用于局域网互联。网关是一种充当转换重任的计算机系统或设备。在使用不同的通信协议、数据格式或语言，甚至体系结构完全不同的两种系统之间，网关是一个翻译器。与网桥只是简单地传达信息不同，网关对收到的信息要重新打包，以适应目的系统的需求。同时，网关也可以提供过滤和安全功能。大多数网关运行在 OSI 7 层协议的顶层——应用层。

　　网关接入模式示意图如图 3-9 所示。在这种模式下，VPN 设备不但能提供 VPN 安全通信，而且还能提供防火墙、路由交换、NAT 转换等功能。

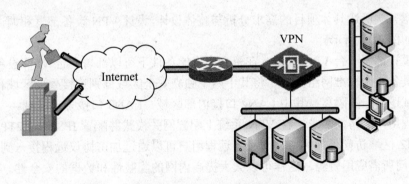

图 3-9　网关接入模式示意图

3.4.2　旁路接入模式

　　旁路接入模式即透明模式（Transparent），即用户意识不到 VPN 的存在。要想实现透明模式，VPN 必须在没有 IP 地址的情况下工作，只需要对其设置管理 IP 地址，添加默认网关地址。如图 3-10 所示为透明方式部署 VPN 后的一个网络结构。

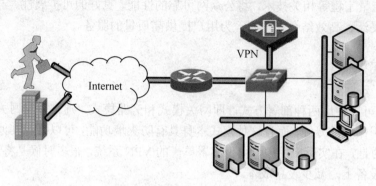

图 3-10 旁路接入模式示意图

VPN 作为一实际存在的物理设备，其本身也可以起到路由的作用，所以在为用户安装 VPN 时，就需要考虑如何改动其原有的网络拓扑结构或修改连接 VPN 的路由表，以适应用户的实际需要，这样就增加了工作的复杂程度和难度。但如果 VPN 采用了透明模式，即采用无 IP 方式运行，用户将不必重新设定和修改路由，VPN 就可以直接安装和放置到网络中使用，不需要设置 IP 地址。采用透明方式部署 VPN 后的网络结构不需要做任何调整，即使把 VPN 去掉，网络依然可以很方便地连通，不需要调整网络上的交换及路由。

3.5 项目实训

根据本章开头所述具体项目的需求分析与整体设计，设计 VPN 设备部署和调试实训项目，网络拓扑图如图 3-11 所示。

以网关模式部署一台 VPN 设备，在资金允许的条件下可以部署两台 VPN 设备进行热备。

该设备具备 4 个标准网络接口，将其中两个独立安全区域分别连接外部区域和内部区域，实现其各区域逻辑上的隔离；其中 LAN2 口接内部区域，LAN3 口接外部区域。

根据远程用户的访问需求，在 VPN 系统上配置网关模式并配置 IPSec、L2TP，不仅使内部网络、DMZ 区域访问外部网络，而且使远程用户可以通过加密协议远程接入到内部网络和 DMZ 区域访问所需应用资源，这样可以大大提高内网的隐蔽性和数据的安全性。

3.5.1 任务 1：认识 VPN 设备并进行基本配置

为能更深入地结合 VPN 产品，实际学习 VPN 的配置，本章采用蓝盾 VPN 系统进行实践操作，通过对该设备的配置，达到前面所述的需求分析和方案设计。为此，先了解一下 VPN 的基本配置方法。

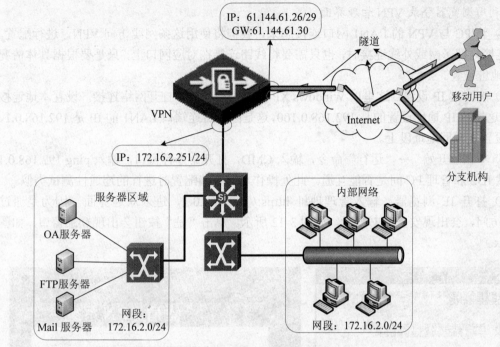

图 3-11　VPN 部署拓扑

在一般的 VPN 配置里,常见配置步骤为 VPN 初步认识,VPN 模式配置,配置 IPSec、L2TP,配置用户客户端,测试客户端连接是否成功。以下分别对 VPN 配置的几个步骤进行说明。

1. 了解 VPN 系统硬件

（1）了解 VPN 设备的前面板和后面板,可参考图 2-15 和图 2-16。类似防火墙和 IDS 设备,VPN 设备的前面板主要包含四个网络接口、一个 Console 口和两个指示灯;后面板包含散热风扇、VGA 接口、USB 接口、电源开关、电源插座等。

（2）了解 VPN 的初始配置参数。如表 3-5 所示为 VPN 出厂配置参数。不同厂商、不同型号的 VPN 产品,出厂参数一般都不相同,具体要参考设备手册。

表 3-5　VPN 初始配置

网口	IP 地址	掩码	备注
LAN1	192.168.0.1	255.255.255.0	默认管理口
LAN2	无	无	可配置口
LAN3	无	无	可配置口
LAN4	无	无	可配置口

其中,LAN1 为默认管理口,默认地打开了 443 端口（HTTPS）以供管理 VPN 使用。本实验我们利用网线连接 LAN1 口与管理 PC,并设置好管理 PC 的 IP 地址。

2. 利用浏览器登录 VPN 管理界面

（1）将 PC 与 VPN 的 LAN1 网口连接起来，我们将使用这条网线访问 VPN，进行配置。当需要连接内部子网或外线连接时，也只需要将线路连接在对应网口上，只是要根据具体情况进行 IP 地址设置。

（2）客户端 IP 设置，这里以 Windows XP 为例进行配置。打开网络连接，设置本地连接 IP 地址。这里的 IP 地址设置的是 192.168.0.100，这是因为所连端口 LAN1 的 IP 是 192.168.0.1，IP 必须设置在相同地址段上。

（3）单击"开始"→"运行"命令，输入 CMD，打开命令行窗口，输入 ping 192.168.0.1 命令测试 IDS 和管理 PC 间是否能互通。此处操作与防火墙配置时进行的连通性测试类似。

（4）打开 IE 浏览器，输入管理地址 https://192.168.0.1，进入欢迎界面。因为是通过 HTTPS 访问，会出现安全证书提示，如图 3-12 所示。单击"是"按钮会出现登录窗口，如图 3-13 所示。

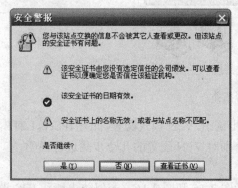

图 3-12 安全证书提示

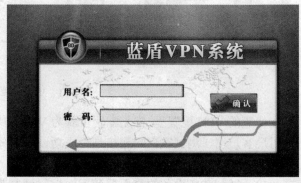

图 3-13 VPN 系统登录界面

（5）在 VPN 的欢迎界面输入用户名和密码，默认用户名和密码分别为 admin 和 admin，单击"确认"按钮进入 VPN 管理系统。登录后进入系统首页"系统信息"页面。此页面主要描述了 VPN 信息、自由信息与接口信息。

3. VPN 的基本配置

（1）依次单击"网络设置"→"接口设置"→"物理接口"命令，在该页面单击"编辑"按钮，配置网口 LAN2 和 LAN3 口的 IP 地址。其中将 LAN2 口的 IP 配置为 172.16.2.251，子网掩码为 255.255.255.0，将 LAN3 口的 IP 配置为 61.144.61.26，子网掩码为 255.255.255.0，网关是 61.144.61.30，单击"保存"按钮，如图 3-14 所示。

注意：从图 3-14 中可以看出，只有 LAN1 和 LAN2 口的远程管理 HTTPS 和 SSH 服务是开启的，其他网口服务皆是关闭的，如要开启，只需在相应服务处进行勾选即可。

（2）打开"网络设置"→"静态路由"页面，单击"添加静态路由"按钮对静态路由进行设置，如图 3-15 所示。

▶ 网络设置>物理接口

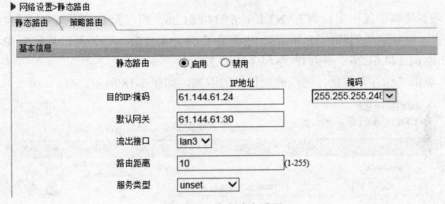

名称	IP地址	类型	远程管理		状态	启用	编辑	删除
lan1	192.168.0.1/255.255.255.0	ethernet	HTTPS ✓	SSH ✓				
lan2	172.16.2.251/255.255.255.0	ethernet	HTTPS ✓	SSH ✓				
lan3	61.144.61.26/255.255.255.248	ethernet	HTTPS ○	SSH ○				
lan4	10.10.10.1/255.255.255.0	ethernet	HTTPS ○	SSH ○				

图 3-14　网口配置

▶ 网络设置>静态路由

静态路由　　策略路由

基本信息

静态路由　　　　　● 启用　　○ 禁用

　　　　　　　　　　　　　IP地址　　　　　　　　　　掩码

目的IP/掩码　　　　61.144.61.24　　　　　255.255.255.24 ▾

默认网关　　　　　61.144.61.30

流出接口　　　　　lan3 ▾

路由距离　　　　　10　　　　　　(1-255)

服务类型　　　　　unset ▾

图 3-15　静态路由设置

参数设置如下：

● 静态路由：对本条静态路由启用/禁用。

● 目的 IP/掩码：设定静态路由的目的 IP 地址及其掩码。

● 默认网关：对目的 IP 地址与 VPN 网络接口不处于相同局域网的情况，设置一个默认网关。对于在局域网内部不能查找到目的 IP 主机的数据，默认发往该网关。

● 流出接口：选择本条静态路由的出口网络接口。

● 路由距离：默认为 10，范围从 1～250，路由距离越低，路由越优先。

（3）单击"保存"按钮对配置信息进行保存，得到路由列表如图 3-16 所示。

▶ 网络设置>静态路由

静态路由　　策略路由

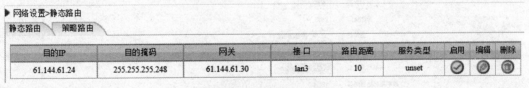

目的IP	目的掩码	网关	接口	路由距离	服务类型	启用	编辑	删除
61.144.61.24	255.255.255.248	61.144.61.30	lan3	10	unset	✓		

图 3-16　静态路由列表

（4）添加 IP 地址池。打开"策略管理"→"映射策略"→"IP 地址池"页面，单击"添加 IP 地址池"按钮进入添加页面，如图 3-17 所示。

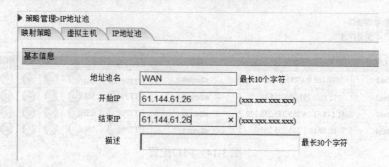

图 3-17　IP 地址池设置

本次项目实训中流出出口为 LAN3 口：61.144.61.26，所以此 IP 范围要把 LAN3 的 IP 地址包括进去，因此这里把开始 IP 和结束 IP 设为了 61.144.61.26。当外网口有多个 IP 时，可以设开始 IP 为 61.144.61.26，结束 IP 为 61.144.61.28。

（5）单击"保存"按钮，完成此次记录的添加，如图 3-18 所示。

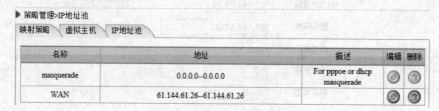

名称	地址	描述	编辑	删除
masquerade	0.0.0.0--0.0.0.0	For pppoe or dhcp masquerade		
WAN	61.144.61.26--61.144.61.26			

图 3-18　IP 地址池列表

其中名称为"WAN"的信息就是我们刚刚所设的 IP 地址池。对于外网口是通过拨号动态获得 IP 地址的，不需要设置 IP 地址池。在添加 SNAT 映射策略时，选择系统内置的"masquerade"。

（6）添加映射策略（SNAT）。

打开"策略管理"→"映射策略"页面，单击"添加映射"按钮进行映射添加，如图 3-19所示。

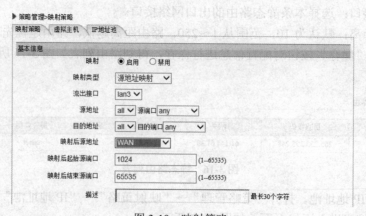

图 3-19　映射策略

（7）单击"保存"按钮，完成此次记录的添加，如图 3-20 所示。

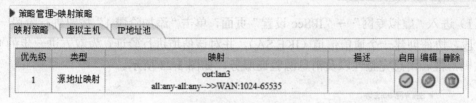

图 3-20   映射策略列表

（8）打开"策略管理"→"访问策略"页面，单击"添加策略"按钮进行策略添加，如图 3-21 所示。

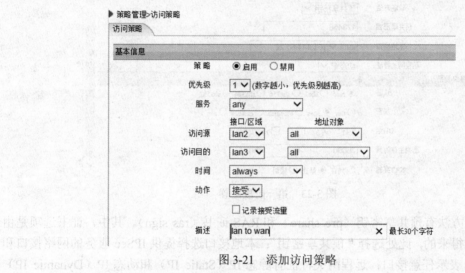

图 3-21   添加访问策略

（9）单击"保存"按钮，完成此次记录的添加。得到如图 3-22 所示的访问策略列表。

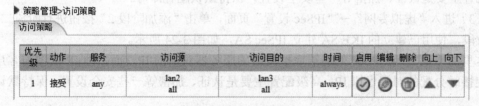

图 3-22   访问策略列表

在访问策略主页面中，可以对已经设置的策略进行启用/禁用、编辑、删除、优先级向上下移动，单击相应的图标即可实现。将 VPN 按照项目部署拓扑（见图 3-11 所示）接入原有网络；LAN3 口接入外部网络；LAN2 口接入核心交换机。这样内部网络通过 VPN 就可以访问外网了。

3.5.2 任务 2：VPN 规则配置

（1）进入"虚拟专网"→"IPSec 设置"页面，单击"添加阶段 1"按钮进行阶段一设置。第一阶段，协商创建一个通信信道（IKE SA），并对该信道进行验证，为双方进一步的 IKE 通信提供机密性、消息完整性以及消息源验证服务，如图 3-23 所示。

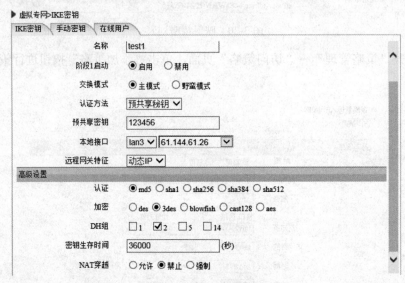

图 3-23 第一阶段配置

（2）认证方法有预共享密钥（pre share）和 RAS 证书（ras sign）。其中，证书选项是由"CA 设置"中得来的，此处选择"预共享密钥"；本地接口选择提供 IPSec 服务的网络接口和 IP 地址，"all"表示任意接口；远程网关特征有静态 IP（Static IP）和动态 IP（Dynamic IP）两种，静态 IP 指明对端接口网关类型，动态 IP 指明对端是动态拨号接入，这里选择动态 IP；高级配置主要是认证、加密等一些安全设置，保持默认配置即可。

（3）进入"虚拟专网"→"IPSec 设置"页面，单击"添加阶段 2"按钮进行阶段二设置。第二阶段，使用已建立的 IKE SA 建立 IPSec SA，如图 3-24 所示。

这里的本地 IP 为 IPSec 的对端虚拟网络的服务器对应的 IP，而本地 IP 范围为客户端建立因连接时分配的对端虚拟 IP；高级配置主要是认证、加密等一些安全设置，保持默认配置即可。

（4）当阶段一和阶段二设置完后，可返回主页面查看结果，如图 3-25 所示。

（5）单击"虚拟专网"分栏中的"拨入用户"命令进入页面，单击"增加"按钮增加一个用户，添加方法与 PPTP 连接的相同，如图 3-26 所示。

这里拨入类型标识该账号是为 PPTP 模式使用还是 IPSec 模式使用。在此实验中使用的是 IPSec+L2TP 模式，所以"L2TP/IPSec"复选框一定要勾选。

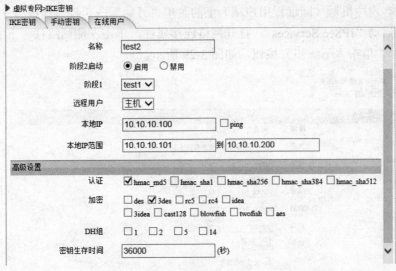

图 3-24　第二阶段配置

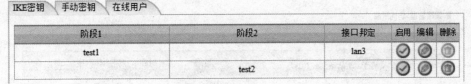

图 3-25　阶段配置列表

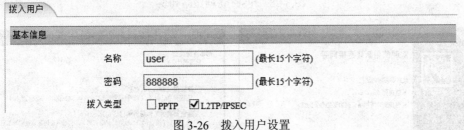

图 3-26　拨入用户设置

（6）打开"策略管理"→"访问策略"页面，添加一条允许 IPSec 访问内部网络，单击"添加策略"按钮进行策略添加，如图 3-27 所示。

（7）单击"保存"按钮，完成此次记录的添加，如图 3-28 所示。

3.5.3　任务 3：VPN 测试

（1）在测试 IPSec 是否建立成功时，需要配置客户端，这里客户端环境以 Windows XP

系统为例。在客户端机器（即远程用户端）上的菜单"开始"→"控制面板"→"管理工具"
→"服务"中启动"IPSec Services"，打开网络连接属性，单击左侧网络任务下的"创建一个
新的连接选项"，单击"下一步"按钮，如图 3-29 所示。

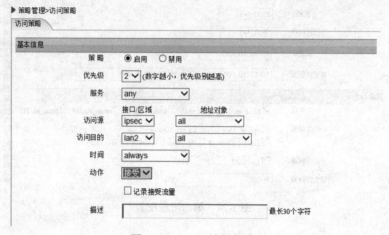

图 3-27　IPSec 访问策略

图 3-28　IPSec 访问策略列表

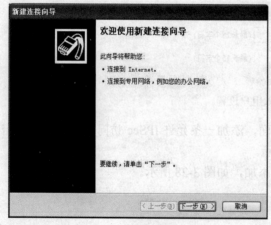

图 3-29　配置新连接向导

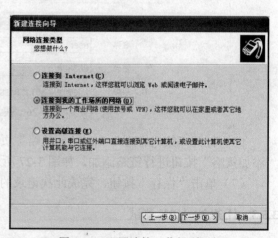

图 3-30　配置连接工作场所网络

（2）选中"连接到我的工作场所的网络"按钮，单击"下一步"按钮，如图 3-30 所示。

（3）选择"虚拟专用网络连接"单选项，单击"下一步"按钮，如图 3-31 所示。

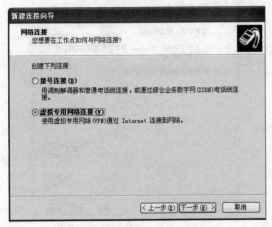

图 3-31 虚拟专用网络连接

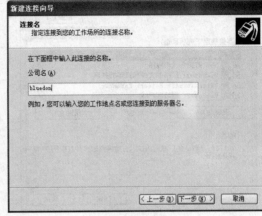

图 3-32 配置公司名

（4）输入识别名称，单击"下一步"按钮，如图 3-32 所示。

（5）根据网络连接方式，选择相应的网络连接方式，单击"下一步"按钮，如图 3-33 所示。

（6）在此输入 VPN 对外的 IP 地址，单击"下一步"按钮，如图 3-34 所示。

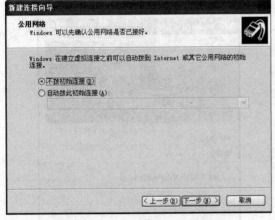

图 3-33 配置不直接拨号连接

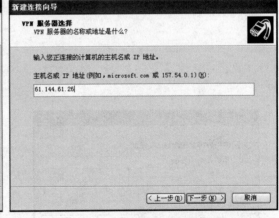

图 3-34 配置 VPN 地址

（7）单击"属性"按钮，选择"网络分页"，在 VPN 类型中选择 PPTP VPN 模块或 L2TP IPSec VPN 模块，单击"确定"按钮，完成 PPTP 或 IPSec 拨号用户的配置，在这里选择 L2TP IPSec VPN，以便客户端能使用 IPSec 协议连接到市人口和计划生育局的内部网络，如图 3-35 所示。

（8）如果是使用 IPSec 进行拨号，且在"IPSec 设置"第一阶段中的认证方式为"预共享密钥"，则打开属性的"安全"选项卡，如图 3-36 所示。

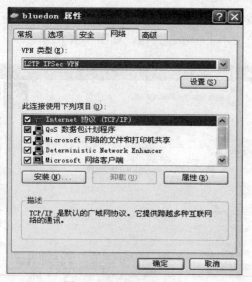

图 3-35　选择 VPN 类型

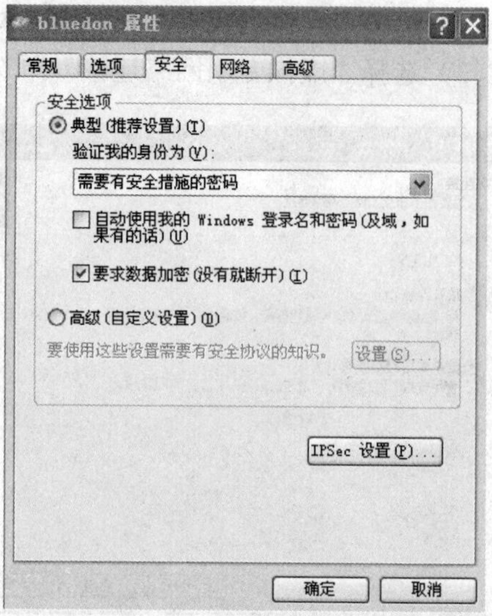

图 3-36　配置 IPSec 设置

（9）单击"IPSec 设置"按钮，勾选"使用预共享的密钥作身份验证"复选框，输入第一阶段设置的密钥，单击"确定"按钮，如图 3-37 所示。

（10）完成设置后，输入拨入用户名和密码，单击"连接"按钮，即可以 IPSec 方式登录 VPN,同时在任务栏将会生成另一个网络连接。其中 L2TP 拨号连接配置如图 3-38 所示。

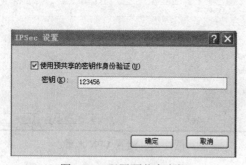

图 3-37　配置预共享密钥

图 3-38　L2TP 连接

（11）进行 IPSec 拨号连接，连接成功后可在 VPN 系统上的"虚拟专网"→"IPSec 设置" →"在线用户"页面中看到。如图 3-39 所示。

同时，单击"断开"图标可以断开连接。

（12）客户端机器连接后，可以测试能否 ping 通内部网络的一台 IP 为 172.16.2.200 的服务器。若连接成功，如图 3-40 所示。

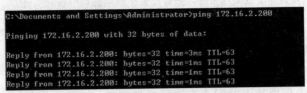

用户	证书名称	本地IP	远程IP	来源地址	拨入时间	断开
user	unkown	10.10.10.100	10.10.10.101	61.144.61.30	2014-01-14 10:47	◉

图 3-39　VPN 用户在线

```
C:\Documents and Settings\Administrator>ping 172.16.2.200

Pinging 172.16.2.200 with 32 bytes of data:

Reply from 172.16.2.200: bytes=32 time=3ms TTL=63
Reply from 172.16.2.200: bytes=32 time=1ms TTL=63
Reply from 172.16.2.200: bytes=32 time=1ms TTL=63
Reply from 172.16.2.200: bytes=32 time=1ms TTL=63
```

图 3-40　测试是否连接服务器

3.6　项目实施与测试

3.6.1　任务 1：VPN 规划

根据项目建设的要求，对 VPN 系统进行物理连接、接口和 IP 地址分配、路由表及 VPN 策略规划。

1. 接口规划

根据现有网络结构，对该企业总部 VPN 系统的物理接口互联，如表 3-6 和表 3-7 所示。

表 3-6　VPN 系统物理连接表

本端设备名称	本端端口号	对端设备名称	互连线缆	对端端口号
ZZGLYYVPN-xx	LAN2	三层交换机	6 类双绞线	E1/0/1
	LAN3	外网	外网	外网

注：因实施环境不具备而无法实施，以后可以按照客户的需求进行配置。

表 3-7　接口和 IP 地址分配表

设备名称	端口	IP 地址	掩码	管理
ZZGLYYVPN-xx	LAN1	192.168.0.1	255.255.255.0	SSH/telnet/ http/https
	LAN2	172.16.2.251	255.255.255.0	
	LAN3	61.144.61.26	255.255.255.248	

注：目前环境因素不具备具体配置实施条件，整体配置在后期建设中规划，本阶段对设备进行加电处理。

2. 路由规划

根据某市人口和计划生育局的情况，现对 VPN 系统路由规划如表 3-8 所示。

表 3-8   VPN 系统路由表

设备	目的网段	下一跳地址
ZZGLYYVPN-xx	61.144.61.24	0.0.0.0
	172.16.2.0	0.0.0.0

注：目前环境因素不具备具体配置实施条件，整体配置在后期建设中规划实施。

3.6.2   任务 2：网络割接与 VPN 系统实施

在项目实施过程中根据如下时间序列进行项目实施，在项目实施之前，确保已经做好 VPN 配置。

1. 割接前准备

（1）确认当前市人口和计划生育局网络运行正常。

（2）确认 VPN 系统状态正常。

（3）确认 VPN 系统配置。

（4）进行割接前业务测试，且记录测试状态。

2. 网络割接

具体步骤如下：

（1）进入机房做割接前的策略配置检查和交换机测试。

（2）选择网络不繁忙的时间段开始割接。

（3）将相关线路接到 VPN 系统相关接口，接口对照见表 3-6。

3. 测试

系统上架后，作为项目实施工程师，按照项目流程需要对设备进行测式，测试点主要包括设备的连通性、设备运行是否正常、是否对原有的业务有影响、系统建立的相关策略是否达到方案中的预定效果。

（1）测试终端 PC 到 VPN 系统的连通性（可 ping VPN 系统接口地址）。

（2）对预订好的业务进行测试，且对比割接前网络状态，查看是否网络异常。

（3）进行 VPN 系统策略测试。

4. 实施时间表

根据计划，整个项目实施过程将导致网络中断 30 分钟左右（或更多时间）；整个项目实施耗时大概 90 分钟，具体的测试工作及时间分配可根据现场情况调整，测试所需要的时间分配如表 3-9 所示。

表 3-9　VPN 系统实施时间表

步骤	动作	详细	业务中断时间（分钟）	耗时（分钟）
1	设备上架前检查	VPN 系统加电检查 VPN 系统软件检查 VPN 系统配置检查	0	20
2	实施条件检查确认	VPN 系统机架空间/挡板准备检查 网线部署检查 电源供应检查	0	10
3	设备上架	根据项目规划将设备上架 接通电源，并确认设备正常启动完成	0	30/延长
4	VPN 系统上线	上线 VPN 系统	5/延长	5/延长
		VPN 系统状态检查	10/延长	10/延长
		业务检查及测试	15/延长	15/延长

5. 回退

如经测试发现割接未成功，则执行回退。回退步骤如下：

（1）拨出 VPN 系统上所接所有线路。

（2）将汇聚交换机与内部交换机之间的线路进行连接。

（3）业务连接测试。

综合训练

一、填空题

1. IPSec VPN 技术通过_____、_____、密钥管理技术、认证技术等，有效地保证了数据在 Internet 传输的安全性，是目前最安全、最广泛的 VPN 技术。

2. IPSec 不是一个单独协议，它是一套完整的体系框架，主要包括_____、_____和_____、_____等协议。

3. GRE 协议的中文全称为_____，提供了将一种协议的报文_____在另一种协议报文中的机制，使报文能够在异种网络中传输，异种报文传输的通道称为_____。

4. SSL 协议的工作流程中包含了两个认证阶段，其中分别是_____和_____。

5. SSL VPN 收到加密数据包之后，在 SSL 层通过协商出的_____来解密，再将翻译出的数据送至应用层。

二、单项选择题

1. 下列 VPN 技术中，属于第二层 VPN 的有（　　）。

A. SSL VPN
B. GRE VPN

C. L2TP VPN
D. IPSec VPN

2. 在基于路由器的 IPSec VPN 实验中，用于触发 IKE 协商并建立 IPSec 隧道的报文是（　　）。

A. 认证报文
B. 请求报文
C. 第一个报文
D. 第二个报文

3. 在构建远程访问 IPSec VPN 的应用中，为了防止客户端的数字证书被盗用，加强身份认证方式的安全通常采用（　　）认证。

A. USB 移动存储
B. USB Key 数字证书

C. 复杂度密码
D. 强身份认证

4. 在 IPSec 中，（　　）是两个通信实体经过协商建立起来的一种协定，用来保护数据包安全的 IPSec 协议、密码算法、密钥等信息。

A. ESP
B. SPI
C. SA
D. SP

5. 部署 IPSec VPN 时，配置（　　）安全算法可以提供更可靠的数据加密。

A. DES
B. 128 位的 MD5

C. SHA
D. 3DES

6. 部署 IPSec VPN 网络时，我们需要考虑 IP 地址的规划，尽量在分支节点使用可以聚合的 IP 地址段，其中每条加密 ACL 将消耗（　　）IPSec SA 资源。

A. 1个
B. 2个
C. 3个
D. 4个

7. GRE 协议封装报文中，载荷协议为 IPX 协议，承载协议为 IP 协议，则报文的封装顺序为链路层、（　　）、GRE、（　　）、载荷数据。

A. IP、IPX
B. IPX、IPX

C. IP、IP
D. IPX、IP

三、思考题

1. 概述隧道技术中的第二层、第三层和第四层隧道协议的工作原理。

2. 简述 GRE 协议的工作原理，以及 GRE 协议和 IPSec 协议的相似点。

3. SSL VPN 使用了第四层隧道协议 SSL，它的优点主要表现在哪些方面？

技能拓展

【背景描述】

假设某员工正在外地出差，但需要访问公司内部的服务器资源，而这些服务器资源因安全性考虑并不直接在公网上开放，因此该员工必须先与公司建立 VPN 隧道，再获得访问内部资源的权利。

【需求分析】

需求：解决出差员工和公司之间通过 Internet 进行信息安全传输的问题。

分析：IPSec VPN 技术通过隧道技术、加/解密技术、密钥管理技术和认证技术有效地保证了数据在 Internet 网络传输的安全性，是目前最安全、使用较广泛的 VPN 技术。因此我们可以通过建立 IPSec VPN 的加密隧道，实现出差员工和公司之间的信息安全传输。

【实验拓扑】

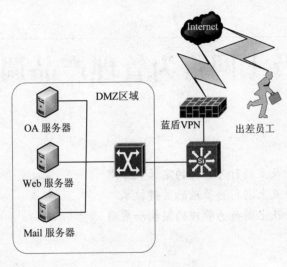

图 3-41　VPN 实验拓扑图

【实验设备列表】

设备	型号	数量	备注
蓝盾 VPN 设备	BD-VPN-CMS 6000	1 台	
华三 三层交换机设备	H3C-S3600	1 台	
华三 二层交换机设备	H3C-S3100V2	1 台	
Windows 系统的笔记本	推荐 Windows XP 系统	1 台	
OA 服务器		1 台	
Web 服务器		1 台	
Mail 服务器		1 台	
直连线		数根	
交叉线		数根	

【任务要求】

请根据上面的需求分析，完成 VPN 的配置。

4

安全审计及上网行为管理产品调试与部署

知识目标

- 了解安全审计及上网行为管理的定义及作用
- 掌握安全审计及上网行为管理的关键技术
- 掌握安全审计及上网行为管理的架构和应用

技能目标

- 能够根据项目需求进行方案设计
- 能够对安全审计及上网行为管理产品进行部署、配置
- 能够对安全策略应用与测试

项目引导

📖 项目背景

互联网的飞速发展为各种不法分子提供了新的犯罪手段和空间，网络诈骗、黑客攻击、传播各类有害信息等违法犯罪行为给国家安全和社会稳定构成了重大威胁。互联网信息安全问题日益突出，已经成为国家安全的重要组成部分。某省公安厅公共信息网络安全监察处（以下简称网监）为了加强对网吧、旅店、非经营性上网场所的网络安全监管，根据《互联网安全保护技术措施规定》（公安部第 82 号令），省公安厅网监总队拟加强对宾馆、旅店、酒店等非经营性上网场所上网行为的管理和监控，以加强互联网安全监管力度，维护互联网的信息安全。

📖 需求分析

网络安全是一个全社会的综合集成体系，是法律、道德规范、管理、技术和人的知识谋

略的总和，通过公安机关公共信息网络安全监察部门的管理和保护，铸就全社会维护信息网络安全的防范屏障。经过分析，网上不法活动主要有以下几个特点：

（1）网上活动不受国界地域和时间限制，具有广泛性、不确定性和隐蔽性的特点。

（2）不法分子在网上建立大量网站，散发反动刊物、反动杂志，从事反动宣传。境内外敌对势力、敌对分子在互联网上建立论坛、网页，大肆进行反动煽动和渗透活动，利用互联网进行勾联结社，蛊惑闹事。境内外民族分裂势力也在网上建立站点，煽动民族分裂分子从事分裂破坏活动。特别是法轮功邪教组织在网上散布谣言，张贴反动文章和言论，攻击党和国家领导人，破坏社会安定，妄图颠覆国家政权。

（3）计算机犯罪迅猛增加，犯罪手段也日趋技术化、多样化，犯罪领域也不断扩展，传统领域犯罪也开始向互联网上发展，出现了利用信息网络招募团伙成员、诱骗强奸、赌博、走私及进行非法传销活动等案件。

（4）社会化信息服务场所安全问题也十分突出。在公共网络场所内以聊天交友为名，进行婚外恋和色情活动；发布虚假信息、假招聘，骗取钱财；对特定对象发送辱骂、造谣、诽谤等恶意电子邮件；进行网上赌博；查阅、复制、传播带有暴力、色情、反动内容的信息；宣扬封建迷信和邪教；煽动闹事。以上这些行为不仅危害了青少年的身心健康，影响学业，危害家庭和婚姻稳定，而且严重影响了社会稳定和国家安全。

为了对省内各地市网吧、旅店、非经营性上网场所进行安全监管，需部署安全审计系统，形成一个安全监管体系，做到实时、可靠、有效地监管，及时发现并清除暴力、色情、反动、反道德的言论及影响。根据网络安全审计及上网行为管理需求并结合该省的实际情况，将通过在全省范围内建设一个统一的安全审计及上网行为管理系统，形成省、地市及被审计场所三级管理部署模式，实现对全省范围内网络信息的监控、审计。

📖 方案设计

本方案设计在该省公安厅网监建设安全审计及上网行为管理一级管理系统，可以支持其他厂商在其他 14 个地市建设二级管理系统，提供接口实现全省数据的统一上传共享，同时省厅网监可以向地市级系统下发策略、布控信息、实时报警。

针对本项目的实际需求，安全审计及上网行为管理系统的部署采用旁路模式或桥接模式（本章节中的实训配置以桥接模式为例），如图 4-1 所示。市级公安机关单位通过在管治区域的网吧、旅店、非经营性上网场所部署的安全审计及上网行为管理系统前端网络探针，实现在管理端对该市公安机关管治区域的网吧、旅店、非经营性上网场所上网用户的上网行为监管，和上网行为管理策略的下发；省级安全审计及上网行为管理系统是省公安厅网监网络监管系统的核心部分，通过部署在各个地级市公安机关单位的安全审计及上网行为管理系统（以下简称审计）实现对整个省各个市内的网吧、旅店、非经营性上网场所的上网人员上网行为的整体监控，和上网行为管理策略的下发。

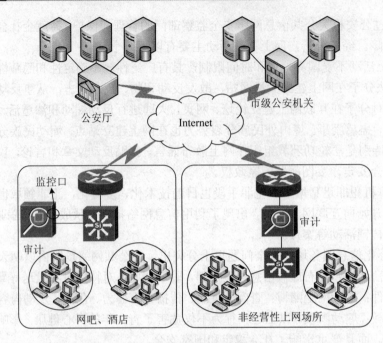

图 4-1　安全审计及上网行为管理部署拓扑图

相关知识

4.1　安全审计及上网行为管理系统概述

4.1.1　安全审计的概念

　　审计主要是指对系统中与安全有关的活动的相关信息进行识别、记录、存储和分析。信息安全审计的记录用于检查网络上发生了哪些与安全有关的活动，哪个用户对这个活动负责。

　　根据相关统计机构提供的数据，目前有将近 80%的网络入侵和破坏是来自网络内部的，因为网络内部的人员对于自己的网络更加熟悉，而且有一定的授权，掌握一定的密码，又位于防火墙的后端，进行入侵或破坏更加得心应手。一个内部人员不必掌握很多黑客技术就能够对系统造成重大的损失。因此信息安全审计的功能越发受到重视。

　　计算机审计技术就是在计算机系统中模拟社会的审计工作，对每个用户在计算机系统上的操作做一个完整记录的一种安全技术。运用计算机审计技术的目的就是对计算机系统的各种访问留下痕迹，使计算机犯罪行为留下证据。计算机审计技术的运用形成了计算机审计系统，计算机审计系统可以用硬件和软件两种方式实现。计算机系统完整的审计功能一般由操作系统层次的审计系统和应用软件层次的审计系统共同完成，两者互相配合、互为补充。

审计系统把对计算机系统的所有活动以文件形式保存在存储设备上，形成系统活动的监视记录。监视记录是系统活动的真实写照，是搜寻潜在入侵者的依据，也是入侵行为的有力证据。监视记录本身被实施最严密的保护，在保护监视记录的问题上，应该坚持独立性的原则，即只有审计员才能访问监视记录。

安全审计工作的流程是：收集来自内核和核外的事件，根据相应的审计条件，判断是否是审计事件。对审计事件的内容按日志的模式记录到审计日志中。当审计事件满足报警阈的报警值时，则向审计人员发送报警信息并记录其内容。当事件在一定时间内连续发生，满足逐出系统阈值，则将引起该事件的用户逐出系统并记录其内容。审计人员可以查询、检查审计日志以形成审计报告。检查的内容包括：审计事件类型；事件安全级；引用事件的用户；报警；指定时间内的事件以及恶意用户表等。

4.1.2　安全审计的对象

一个典型的网络环境由网络设备、服务器、用户计算机、数据库、应用系统和网络安全设备等组成部分，我们把这些组成部分称为审计对象。要对该网络进行网络安全审计，就必须对这些审计对象的安全性都采取相应的技术和措施进行审计，对于不同的审计对象有不同的审计重点，下面一一介绍。

对网络设备的安全审计：我们需要从中收集日志，以便对网络流量和运行状态进行实时监控和事后查询。

对服务器的安全审计：为了安全目的，审计服务器的安全漏洞，监控对服务器的任何合法和非法操作，以便发现问题后查找原因。

对用户计算机的安全审计：

（1）为了安全目的，审计用户计算机的安全漏洞和入侵事件。

（2）为了防泄密和信息安全目的，监控上网行为和内容，以及向外复制文件行为。

（3）为了提高工作效率目的，监控用户非工作行为。

对数据库的安全审计：对数据库的合法和非法访问进行审计，以便事后检查。

对应用系统的安全审计：应用系统的范围较广，可以是业务系统，也可以是各类型的服务软件。这些软件基本都会形成运行日志，我们对日志进行收集，就可以知道各种合法和非法访问。

对网络安全设备的安全审计：网络安全设备包括防火墙、网闸、IDS/IPS、灾难备份、VPN、加密设备、网络安全审计系统等，这些产品都会形成运行日志，我们对日志进行收集，就能统一分析网络的安全状况。

信息安全审计与信息安全管理密切相关，信息安全审计的主要依据为信息安全管理相关的标准，如 ISO/IEC 17799、ISO 17799/27001、COSO、COBIT、ITIL、NIST SP800 系列等。这些标准实际上是出于不同的角度提出的控制体系，基于这些控制体系可以有效地控制信息安全风险，从而达到信息安全审计的目的，提高信息系统的安全性。

4.1.3　上网行为管理的概念

随着计算机、宽带技术的迅速发展，网络办公日益流行，互联网已经成为人们工作、生活、学习过程中不可或缺、便捷高效的工具。但是，在享受着计算机办公和互联网带来的便捷同时，员工非工作上网现象越来越突出，企业普遍存在着计算机和互联网络滥用的严重问题。网上购物、在线聊天、在线欣赏音乐和电影、P2P 工具下载等与工作无关的行为占用了有限的带宽，严重影响了正常的工作效率。"审计"从概念上讲，一般是事后进行审计，多用来查找问题、追究责任，难以对上述行为进行控制，所以对人们上网行为的即时管理很有必要。

上网行为管理是指帮助互联网用户控制和管理对互联网的使用，包括上网人员管理、上网时间管理、网页访问过滤、网络应用控制、带宽流量管理、上网外发管理等内容。

"绿坝—花季护航"是一款典型的上网行为管理软件，是为净化网络环境、避免青少年受互联网不良信息的影响和毒害，由国家出资，供社会免费下载和使用的上网管理软件，是一款保护未成年人健康上网的计算机终端过滤软件，可以有效识别色情图片、色情文字等不良信息，并对之进行拦截屏蔽，同时具有控制上网时间、管理聊天交友、管理计算机游戏等辅助功能。

4.1.4　安全审计及上网行为管理系统的作用

安全审计系统的目标主要包括下面几个方面：
- 确定和保持系统活动中每个人的责任。
- 确认重建事件的发生。
- 评估损失。
- 监测系统问题区。
- 提供有效的灾难恢复依据。
- 提供阻止不正当使用系统行为的依据。
- 提供案例侦破证据。

安全审计及上网行为管理系统的作用主要有：

（1）规范终端用户上网行为。

按部门管理各终端，禁止/允许各终端的网络行为类型，阻止游戏、股票等非工作性网络访问；管理、分配各部门、IP 段、主机的流量，为优化网络提供决策依据。

（2）防止内部信息泄露。

系统能快速、准确地发现用户定义的内部敏感资料，防止企事业单位内部敏感信息的未授权传播，避免由此引起的损失。

（3）内部可疑终端、应用服务异常及网络异常检测。

系统提供一套便捷的异常鉴别机制，能快速发现符合用户定义的可疑上网终端、内部网络应用服务的超负荷异常及网络连接数的增长异常，为网络管理及故障处理提供技术依据。

（4）阻止黄、赌、毒等违法违规信息的传播。

系统能快速、准确地发现黄、赌、毒及其他敏感、有害信息，实现了关键字的与或非逻辑比对，并根据策略设定的动作做出处置，必要时可对违法、违规信息进行阻断，营造绿色网络环境，维护良好的上网秩序。

（5）监控上网行为，为公安机关提供案件侦破技术手段。

系统能对特定嫌疑人真实身份、特定虚拟身份进行实时监控，为公安网监部门提供一种快速、准确、可靠的技术侦查手段，从而达到打击计算机信息犯罪、确保国家信息安全的目的。

（6）提供各类统计分析报表。

系统提供流量、连接数及各类审计事件的分析、统计报表，方便企事业单位管理决策。

4.1.5　安全审计及上网行为管理系统的技术分类

目前的安全审计解决方案有以下几类：

（1）日志审计。目的是收集日志，通过 SNMP、SYSLOG、OPSEC 或者其他的日志接口，从各种网络设备、服务器、用户计算机、数据库、应用系统和网络安全设备中收集日志，进行统一管理、分析和报警。

（2）主机审计：通过在服务器、用户计算机或其他审计对象中安装客户端的方式来进行审计，可达到审计安全漏洞、审计合法和非法或入侵操作、监控上网行为和内容，以及向外复制文件行为、监控用户非工作行为等目的。根据该定义，事实上主机审计已经包括了主机日志审计、主机漏洞扫描产品、主机防火墙和主机 IDS/IPS 的安全审计功能、主机上网和上机行为监控等类型的产品。

（3）网络审计。通过旁路和串接的方式实现对网络数据包的捕获，并进行协议分析和还原，可达到审计服务器、用户计算机、数据库、应用系统的审计安全漏洞、合法和非法或入侵操作、监控上网行为和内容、监控用户非工作行为等目的。根据该定义，事实上，网络审计已经包括了网络漏洞扫描产品、防火墙和 IDS/IPS 中的安全审计功能、互联网行为监控等类型的产品。

针对典型网络环境下的各个审计对象的安全审计需求，结合以上安全审计解决方案，我们可以得出表 4-1 所示的审计对象和解决方案。

表 4-1　对象和解决方案表

审计对象	日志审计	主机审计	网络审计
网络设备	√		
服务器	√	√	√
用户计算机	√	√	√
数据库	√	√	√
应用系统	√	√	√
网络安全设备	√		

我们可以看到这三种审计方案之间的关系：日志审计的目的是日志收集和分析，它要以其他审计对象生成的日志为基础。而主机审计和网络审计这两种解决方案就是生成日志的最重要的技术方法。主机审计和网络审计的方案各有优缺点，进行比较后得出表 4-2。

表 4-2 主机审计和网络审计方案对比

比较项			主机审计	网络审计
审计需求满足程度	网络设备	日志收集	—	—
	服务器	安全漏洞审计	√程度较深	√
		监控网络操作	√	√
		监控上机行为	√	×
		监控入侵行为	√	√
	用户计算机	安全漏洞审计	√程度较深	√
		监控网络行为	√	√
		监控上机行为	√	×
		监控入侵行为	√	√
	数据库	安全漏洞审计	√程度较深	√
		监控网络操作	√	√
		监控入侵行为	√	√
	应用系统	安全漏洞审计	√程度较深	√
		监控网络操作	√	√
		监控入侵行为	√	√
	安全设备	日志收集	—	—
用户接受程度	网络设备		—	—
	服务器		√	√
	用户计算机		×（在用户计算机上安装客户端，用户很难接受）	√（相对于主机审计接受程度要强）
	数据库		√	√
	应用系统		√	√
	网络安全设备		—	—
目前应用范围			集中在政府、军队等	所有行业

注："—"表示不用比较。

由表 4-2 可知，主机审计在服务器和用户计算机上安装了客户端，因而在安全漏洞审计以及服务器和用户计算机上的上机行为和防泄密功能上比网络审计强，网络审计是在网络上进行监控，无法管理到服务器和用户计算机的本机行为。

客户端的使用是主机审计具有以上技术优势的原因，也恰恰成为其在实际应用上不利推广的根源，用户对安装客户端的接受程度不高，就像在用户上方安装一个摄像头一样，谁都不喜欢被监控的感觉。而网络审计是安装在网络出口，安装时可以事先通知用户，也可以让用户毫无知觉，相对于主机审计，用户对远远在外的监控系统的接受程度比安装在自己计算机上的客户端要高得多。

用户的接受程度不同，使得主机审计和网络审计在应用行业范围也有所区别。主机审计目前集中在政府和军队中，其他行业应用较少；而网络审计的应用范围更广泛，只要能上网的单位都可以使用，所以本书主要是针对网络审计系统进行讲述。

4.1.6　系统组成

安全审计与上网行为管理系统主要分为两大部分：后台服务端和审计探针，如图 4-2 所示。

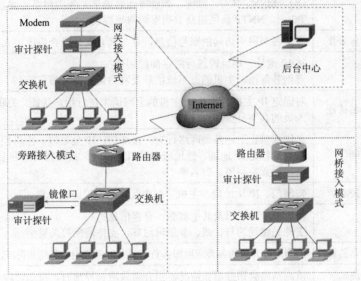

图 4-2　审计系统部署

后台服务端是审计系统的远程管理控制部分，对部署在互联网上的多个审计探针进行集中管理，包括控制审计探针的运行状态管理、信息发布、获取审计数据、获取探针运行日志和统计数据等。后台服务端可实现多级级联管理。后台服务端和审计探针各自的功能见表 4-3。

审计探针采用标准固化的专用硬件设计，是审计系统的核心部件，它监听该网络探针所在物理网络上的所有通信信息，分析这些网络通信信息，采用底层抓包技术，捕获所有网络数据包，根据协议的 RFC 文档标准进行协议分析，然后根据规则库对有害信息或者非法网站进行审计，实时地记录各种有害信息或者非法网站的全部会话过程和数据，并根据指令进行各种操作。

表 4-3　后台服务端和审计探针功能列表

后台服务端功能	前端探针设备集中管理	各类审计策略的制定与分发；各类审计事件的信息采集；运行参数的集中配置
	虚拟人口库管理	各类虚拟身份信息的采集；真实身份信息的采集；虚拟人口的上网轨迹分析
	审计事件管理	采集、检索各类审计事件记录；各类审计事件的统计、分析报表；邮件、短信等方式的审计事件报警处置；远程分布式查询，检索前端的各类日志信息
	终端管理	实现各前端网络的终端用户上、下线记录功能及相关查询、统计、分析功能
	系统数据管理	实现系统数据的定期清理及备份、恢复等功能
审计探针功能	上网数据采集	包括网页浏览，网络发帖，各类网络论坛、社区，SMTP、POP3、IMAP 及各类 Web 邮件，FTP、MMS、RTSP、BT、eMule、MSN、QQ 等各类文件传输，QQ、MSN、ICQ、雅虎、碧聊等即时通信，各类网络游戏，各类股票软件，Telnet，NNTP 新闻组及数据库访问等协议
	虚拟身份信息采集	采集各类网络访问的账号信息，并与其真实身份合成虚拟人口库
	部门管理	按 IP 地址、地址段进行终端部门划分；查询各部门、主机的上下线信息及网络访问流量信息等
	上网终端实名认证	对固定 IP 主机、动态 IP 主机的上网请求进行用户认证，关联上网行为与上网人员的真实身份
	上网行为控制	允许或禁止上述各类网络行为；按部门、IP 地址段、主机控制；阻止对特定 IP 地址、地址段和端口的访问；按时间段控制上网行为。支持设置各类黑、白名单
	流量管理和控制	按部门、IP 地址段、主机分配流量；按协议分配流量
	内容审计	检查黄、赌、毒及其他敏感、有害信息；支持关键词的与、或、非逻辑运算，支持通配符关键字
	应用服务异常监测	监测对外开放的各类应用服务负荷状态，当应用服务超负荷时，发送管理员警报
	网络异常监测	监测网络会话数增长情况，当会话数增长异常时，发送管理员警报
	可疑终端监测	对内部主机的网络访问情况进行关联分析，发现、定位出现异常访问行为的内部主机
	统计分析	提供流量、连接数、活跃时间、访问站点及各类审计事件的分析、统计报表
	报警处置	提供邮件、短信、声音、图像等多种报警处置手段

4.2　安全审计及上网行为管理系统的关键技术

4.2.1　上网终端和人员管理

　　系统需要提供对上网服务场所内部上网终端的管理功能。场所的网络管理人员可以增加、修改和删除终端登记信息。对于支持临时终端上网的场所，系统应提供临时终端使用记录，绑定使用时间、终端物理位置与该终端所有者的身份信息。

　　提供对上网服务场所内部上网人员的管理功能。场所网络管理人员应控制允许和禁止人员上网，上网人员应通过身份鉴别后才能上网。同时提供上网人员登记信息的增加、修改和删除功能。登记信息的最小集以唯一对应上网者真实身份为基本要求。若场所内存在其他身份管理系统，信息安全管理系统应与其做必要的信息交换，以简化录入过程。

4.2.2　网络流量控制

　　随着信息化程度的提高，多线程的下载、在线视频、在线游戏、P2P 应用、蠕虫病毒以及 DoS/DDoS 攻击等多种新型的流量在网络中大量出现。在不作控制的情况下，这些非关键业务严重影响网络中正常业务的运行，导致网络资源的极大消耗，并由此引发了安全性威胁、工作效率低甚至法律纠纷等一系列问题。因此对网络流量的有效管理是决定业务正常开展的关键因素。系统需要对可能由网络异常引发的大量网络访问提供异常事件策略管理，对各类型网络访问连接数进行快速监测，实时做出报警并进行详细记录。

4.2.3　违法信息过滤

　　现在网络上充斥着各种色情、暴力、赌博等违法信息，这些信息给人们错误的导向，特别是对青少年成长带来了负面的影响。所以系统需要根据远程通信端的设置对违法信息进行过滤；可根据远程通信端下发的过滤策略对上网服务场所内上网终端所访问的互联网违法信息进行过滤。过滤策略包括过滤条件和过滤动作。过滤条件是指特定的 URL 或者特定的 IP 地址。

　　对有关法律、法规所规定不得下载、复制、查阅、发布、传播的信息，系统具备相应的默认规则库，规则库保持自动实时更新。这样才能保证计算机网络行为在法律的规范下进行。

4.2.4　网络安全管理

　　目前，网络中充斥着各种木马、病毒等非法程序，无时无刻不在威胁着企业或个人网络的正常使用，因此，系统需要提供网络安全监控功能，对于网络传输的各种病毒、网络攻击（包括内部人员使用场所网络进行违法的网络攻击）进行识别报警，并且采取阻断措施阻止其蔓延。

　　系统要提供网络病毒、网络攻击识别规则库的自动实时更新功能，能让新型的计算机病毒、入侵特征等被系统识别和发现。这样才能尽可能减少网络被入侵和攻击的可能性，保证业务的顺利完成。

4.2.5　即时聊天监控审计

　　QQ、MSN、ICQ、Yahoo Messenger 的出现为人们的沟通带来了更多的便利性，但是，随着现代人对即时聊天工具的滥用，也出现了很多问题。如上班时间过度聊天会降低员工的工作效率，也可能造成内部信息泄露和感染病毒，所以审计系统需要对 QQ、MSN、ICQ、Yahoo Messenger 等协议和即时通信软件进行实时监控报警，检测和过滤相关的有害信息，为公司提供一个安全、高效的工作环境。

4.2.6 电子邮件的监控审计

企业办公活动中，邮件使用是最普遍的了。工作沟通、业务洽谈、客户服务等方方面面的工作几乎都离不开邮件。因此，企业对员工邮件的使用和邮件方面的工作内容进行监督管理，其意义是非常重要的。通过邮件监控，可以第一时间了解员工的工作状态，同时，也可以防止员工有意无意地通过邮件泄露公司重要信息，为企业考核员工的工作也提供了重要的参考。系统需要对所有进出内部网络的邮件以及各种 Web 邮箱中的邮件进行监控和过滤。监控的内容包括邮件信头中的发件人、收件人、抄送人、主题、信体的邮件正文内容、附件名、文本附件内容等。这样能有效地防止内部人员通过邮件把内部敏感信息泄露出去，或者外界人员利用邮件向公司内部传播病毒或者非法信息。

4.2.7 网页浏览与发帖审计

根据台湾地区一个权威的调查机构调研，上班族在上班时间花在浏览与工作无关的网页、新闻、娱乐网站以及各种论坛的时间占到上班时间将近 30%，这严重导致了其工作效率降低，因此，系统需要对 HTTP 访问进行全面的协议解码、分析，对压缩了的网页内容进行自动解压，并根据设置的规则实现对域名、IP 地址、URL 关键字、网页内容和通过网页发布、粘贴的内容进行审计。规范员工上班行为，提高工作效率，减少病毒感染概率，防范内部信息泄露及其引起的形象声誉问题的产生。

4.3 系统部署

在部署审计之前，需要对现有网络结构以及网络应用作详细的了解，然后根据网络业务系统的实际需求制定审计策略，以便能对内部网络的上网行为进行审计和控制。那么如何更好地使用审计，配置比较实用而又合适的审计策略呢？首先要进行网络拓扑结构的分析，确定审计的部署方式以及部署位置；其次，对上网行为（如上网内容、邮件等）进行审计；最后，根据实际的应用和安全的要求配置控制策略，如关键字策略、应用访问控制策略。

审计通常有两种工作模式：桥接模式和旁路模式。两种工作模式各有其优、缺点，详细说明如表 4-4 所示。

表 4-4　审计工作模式对比

工作模式	优点	缺点
旁路模式	不需要更改现有的网络结构，不会影响业务系统运行，部署简单方便	不能对内部网络的上网行为进行控制，但能对其审计
桥接模式	不需要太大更改现有网络结构，不会太大影响业务系统运行	有可能会对现有的业务系统造成单点故障，不仅能对内部网络的上网行为进行控制，而且能对其审计

4.3.1　旁路模式

审计旁路部署在交换机上，一般情况下，审计需要配置两个口，一个口为管理口，另一个口为监控口。管理口连接在交换机的任意一个口，供网络安全管理员管理；监控口连接此交换机的镜像口，以便能及时地监控网络数据，如图 4-3 所示。

4.3.2　桥接模式

桥接模式（又叫透明桥接），顾名思义，首要的特点就是对用户是透明的（Transparent），即用户意识不到审计的存在。采用透明模式时，只需在网络中像放置网桥（Bridge）一样插入该审计设备即可，无须修改任何已有的配置。与旁路模式不同，旁路模式是旁接到交换机的镜像口上，实时抓取镜像口的数据；而桥接模式时，内部网络的数据都要经过审计，故此审计可对上网行为进行控制和审计，如图 4-4 所示。

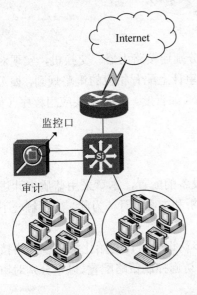

图 4-3　旁路模式

图 4-4　桥接模式

4.4　项目实训

　　根据本章开头所述具体项目的需求分析与整体设计，现以项目中非经营性上网场所的拓扑为例开展实训，网络拓扑图如图4-5所示。在路由器和交换机之间部署一台审计系统设备，这个设备事实上是前面提到的审计探针，后台服务软件安装在公安厅及市级公安部门，进行远程监管。在实训中可以在连接审计探针的一台服务器上安装后台软件。

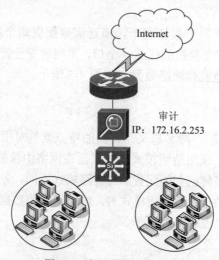

图4-5　审计系统部署拓扑

　　该设备具备4个标准网络接口，LAN2、LAN3口分别连接路由器、交换机，实现对内部网络终端的上网行为的控制和审计。根据访问需要，在审计上配置相应的策略规则，如关键字策略、应用访问控制策略，从而禁止内部网络访问网站（如百度）和使用某应用程序（如 QQ 等应用）。

4.4.1　任务 1：认识系统硬件并进行基本配置

　　为能更深入地结合审计系统产品，实际学习审计设备的配置，本章采用蓝盾审计进行实践操作，通过对该设备的配置，达到前面所述的需求分析和方案设计。为此，先了解一下审计系统的基本配置方法。

　　在一般的审计配置里，常见配置步骤为：审计初步认识→审计初始化配置→网络接口配置→部署方式配置→网站审计→关键字策略配置→应用访问控制策略配置。以下分别对审计配置的几个步骤进行说明。

　　1. 了解审计系统硬件

　　（1）了解审计系统硬件设备前面板和后面板，可参考图 2-15 和图 2-16。形似防火墙和

IDS 设备，审计系统硬件前面板主要包含四个网络接口、一个 CONSOLE 口和两个指示灯；后面板包含散热风扇、VGA 接口、USB 接口、电源开关、电源插孔等。

（2）了解审计系统的初始配置参数，如表 4-5 所示为审计系统出厂配置参数。不同厂商、不同型号的审计系统产品，出厂参数一般都不相同，具体情况要参考相应设备手册。

表 4-5 审计初始配置

网口	IP 地址	掩码	备注
LAN1	10.0.0.1	255.255.255.0	默认管理口
LAN2	10.0.1.1	255.255.255.0	可配置口
LAN3	10.0.2.1	255.255.255.0	可配置口
LAN4	10.0.3.1	255.255.255.0	可配置口

其中，LAN1 为默认管理口，默认地打开了 443 端口（HTTPS）以供管理审计使用。本实验我们利用网线连接 LAN1 口与管理 PC，并设置好管理 PC 的 IP 地址。默认所有配置均为空，可在管理界面得到审计详细的运行信息。

2. 利用浏览器登录审计系统管理界面

（1）将 PC 与审计系统的 LAN1 网口连接起来，我们将使用这条网线访问审计系统，进行配置。当需要连接内部子网或外线连接时，也只需要将线路连接在对应网口上，只是要根据具体情况进行 IP 地址设置。

（2）客户端 IP 设置，这里以 Windows XP 为例进行配置。打开网络连接，设置本地连接 IP 地址。这里的 IP 地址设置的是 10.0.0.100，这是因为所连端口 LAN1 的 IP 是 10.0.0.1，IP 必须设置在相同地址段上。

（3）单击"开始"→"运行"命令，输入 CMD，打开命令行窗口，输入 ping 10.0.0.1 命令测试 IDS 和管理 PC 间是否能互通。此处操作与防火墙配置时进行的连通性测试类似。

（4）打开 IE 浏览器，输入管理地址 https:// 10.0.0.1，进入欢迎界面。因为是通过 HTTPS 访问会出现安全证书提示，如图 4-6 所示。单击"是"按钮会出现登录窗口，如图 4-7 所示。

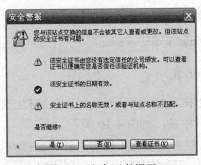

图 4-6 安全证书提示

图 4-7 审计系统系统登录界面

（5）在审计系统的欢迎界面输入用户名和密码，默认用户名和密码为 root/root，单击"登录"进入审计管理系统，如图 4-8 所示。

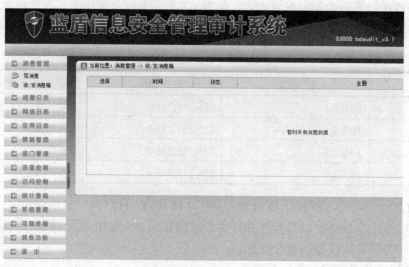

图 4-8　审计主界面

3．网口配置

进入网口配置界面，选择"系统管理"→"系统设置"→"全局参数设置"命令；可根据实际实训情况，设定任何网口为管理口。现在"管理口"下拉列表中选择"网口 2"（即 LAN2口），并配置网关为 172.16.2.254，如图 4-9 所示。

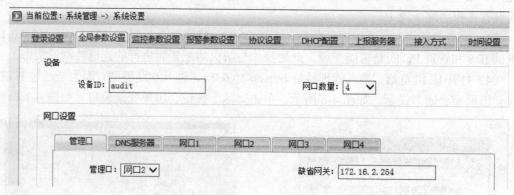

图 4-9　管理口选择和设置

接着，选择"网口 2"选项，配置"IP 地址"为 172.16.2.253，"子网掩码"为 255.255.255.0；"阻断类型"选择"本地包过滤"，最后单击"确定"按钮，如图 4-10 所示。

最后，选择"系统管理"→"系统设置"→"监控参数设置"命令，在"监控网口"下拉列表中选择"网口 3"选项（接交换机的接口，即内部网络的网口），如图 4-11 所示，监控口不需要设置 IP 地址。

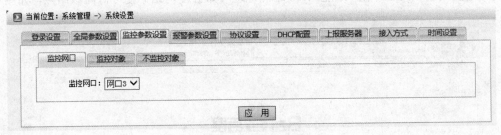

图 4-10　管理口配置

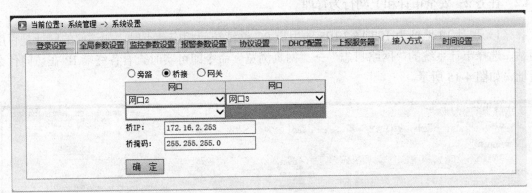

图 4-11　监控口配置

4. 设置桥接模式

接下来要将 LAN2 口和 LAN3 口桥接起来，以配置桥接接入方式。

（1）选择"系统管理"→"系统设置"→"接入方式"命令，选中"桥接"单选项，在"网口"下拉列表中分别选择"网口 2"和"网口 3"选项，桥 IP 配置管理 IP 地址和子网掩码，单击"确定"按钮使配置生效，如图 4-12 所示。

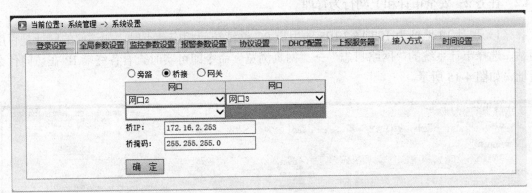

图 4-12　桥接配置

（2）接着，弹出"设置成功"对话框，即完成配置，如图 4-13 所示。

图 4-13　设置成功

5. 验证桥接设置

将审计系统按照审计部署拓扑（见图 4-5）接入，当前内部网络一台用户 PC 的 IP 地址设置为 172.16.2.195/24，网关地址为 172.16.2.254，并设置好相关的 DNS 服务器地址。现在用户 PC 便可连接到互联网上，输入任意 Web 站点地址（如百度网站）便可访问该站点，如图 4-14 所示。

图 4-14　验证网站

4.4.2　任务 2：安全审计和上网行为管理

（1）现让 IP 地址为 172.16.2.195 的用户 PC 继续访问相应站点时，如访问的网址是百度网站，选择审计系统的"网络日志"→"网页浏览"命令即可实时查看各终端 IP 在访问什么网址，如图 4-15 所示。

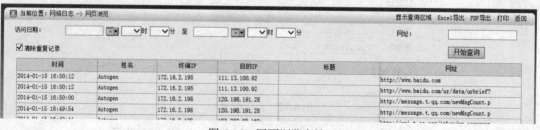

图 4-15　网页浏览审计

（2）让另一台终端 PC（IP 为 172.16.2.168）发送一封邮件。在审计系统的"网络日志"
→"邮件访问"中查看各终端 IP 在用什么邮箱类型发送什么主题的邮件，还可以单击"时间"
按钮显示详细信息，如图 4-16 所示。

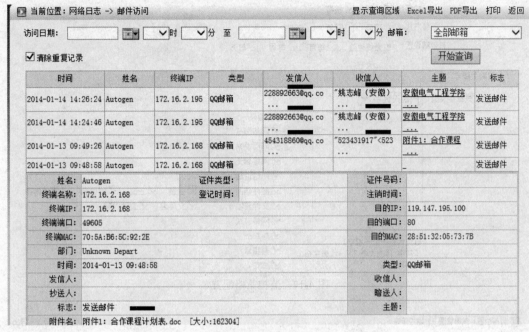

图 4-16　邮件访问审计

4.4.3　任务 3：审计策略配置

1. 关键字策略配置

（1）选择审计系统的"策略管理"→"添加策略"命令，策略名称可随意填写，由于项
目要求，需禁止访问百度网站，在"动作"里勾选"阻断"和"报警"复选框，"关键字类型"
可选择"内容关键字"或"黑名单站点"（两者皆可），"关键字"框需填写 baidu.com，这样就
可把含有 baidu.com 的站点或邮件主题、正文等进行过滤，"适用服务"根据实际情况选择，
默认即可，最后单击"确定"按钮，如图 4-17 所示。

（2）确定后，在监控策略将出现新的策略条目，然后选择策略下发，如图 4-18 所示。下
发成功后，将弹出下放成功的对话框。

（3）现让用户 PC（IP 为 172.16.2.195）继续访问百度网站，发现已经无法访问，如图 4-19
所示。

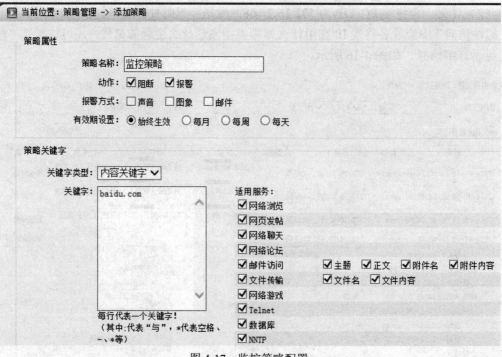

图 4-17 监控策略配置

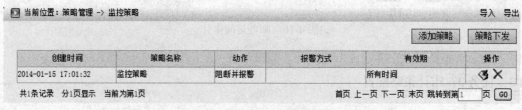

图 4-18 监控策略配置列表

图 4-19 网站访问失败

（4）选择审计系统的"报警日志"→"报警日志"→"网页浏览"命令，可发现之前访问的禁止网址皆记录下来，如图 4-20 所示。

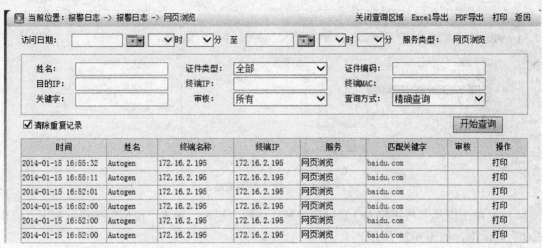

当前位置：报警日志 -> 报警日志 -> 网页浏览   关闭查询区域 Excel导出 PDF导出 打印 返回

时间	姓名	终端名称	终端IP	服务	匹配关键字	审核	操作
2014-01-15 16:55:32	Autogen	172.16.2.195	172.16.2.195	网页浏览	baidu.com		打印
2014-01-15 16:55:11	Autogen	172.16.2.195	172.16.2.195	网页浏览	baidu.com		打印
2014-01-15 16:52:01	Autogen	172.16.2.195	172.16.2.195	网页浏览	baidu.com		打印
2014-01-15 16:52:00	Autogen	172.16.2.195	172.16.2.195	网页浏览	baidu.com		打印
2014-01-15 16:52:00	Autogen	172.16.2.195	172.16.2.195	网页浏览	baidu.com		打印
2014-01-15 16:52:00	Autogen	172.16.2.195	172.16.2.195	网页浏览	baidu.com		打印

图 4-20　报警日志记录

2. 应用访问控制策略配置

（1）打开 QQ，确认能够登录 QQ 进行聊天，如图 4-21 所示。

图 4-21　QQ 在线

（2）选择审计系统的"访问控制"→"默认控制策略"→"网络聊天"命令，选择"QQ"

选项，如图 4-22 所示。

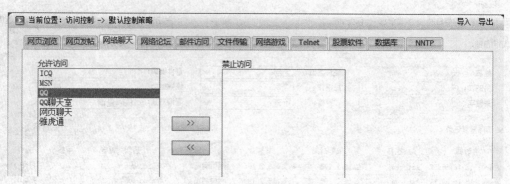

图 4-22　默认控制策略

（3）单击　>>　按钮将 QQ 移动到"禁止访问"栏内，单击"应用"按钮，弹出"应用成功"对话框，如图 4-23 所示。

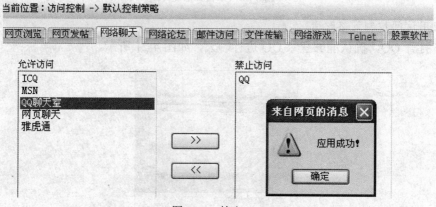

图 4-23　禁止 QQ

（4）退出 QQ 后重新登录，发现 QQ 无法登录，如图 4-24 所示。

图 4-24　QQ 登录超时

注意：本项目实训中，项目是需要对整个网络的 QQ 访问进行禁止，因此在默认控制策略访问进行配置，如果只是希望某个 IP 或某个网段时，那么要在不配置默认控制策略访问的前提下，配置定义例外策略，选项与默认控制策略访问相同。

4.5　项目实施与测试

4.5.1　任务 1：安全审计与上网行为管理系统规划

根据项目建设的要求，对安全审计与上网行为管理系统进行物理连接、接口和 IP 地址分配及安全审计与上网行为管理系统策略规划。

根据现有网络结构，对非经营性上网场所的安全审计与上网行为管理系统的物理接口互连做如表 4-6 所示的设计。接口和 IP 地址分配如表 4-7 所示。

表 4-6　审计系统物理连接表

本端设备名称	本端端口号	对端设备名称	互连线缆	对端端口号
ZZGLYYAUDIT-xx	LAN2	路由器	6 类双绞线	E1/0/1
	LAN3	三层交换机	6 类双绞线	E1/0/1

注：因实施环境不具备而无法实施，以后可以按照客户的需求进行配置。

表 4-7　接口和 IP 地址分配表

设备名称	端口	IP 地址	掩码	管理
ZZGLYYAUDIT-xx	LAN1	10.0.0.1	255.255.255.0	Ssh/telnet/ http/https
	LAN2	桥 IP：172.16.2.253	255.255.255.0	
	LAN3			

目前环境因素不具备具体配置实施条件，整体配置在后期建设中规划，本阶段对设备进行加电处理。

4.5.2　任务 2：网络割接和安全审计与上网行为管理系统实施

在项目实施过程中，根据如下时间序列进行项目实施，在项目实施之前，确保已经做好安全审计与上网行为管理系统配置。

1. 割接前准备

（1）确认当前非经营性上网场所的网络运行正常。

（2）确认安全审计与上网行为管理系统状态正常。

（3）确认安全审计与上网行为管理系统配置。

（4）进行割接前业务测试，且记录测试状态。

2. 网络割接

割接步骤如下：

（1）晚上 23:00～23:59 进入机房做割接前策略配置检查和交换机测试。

（2）凌晨 0:00～0:30 割接开始。

（3）将相关线路接到安全审计与上网行为管理系统相关接口，端口分配如表 4-6 所示。

3. 测试

（1）测试终端 PC 到安全审计与上网行为管理系统的连通性（可 ping 安全审计与上网行为管理系统接口地址）。

（2）对预订好的业务进行测试，且对比割接前网络状态，查看是否网络异常。

（3）进行安全审计与上网行为管理系统策略测试。

4. 实施时间表

根据计划，整个项目实施过程将导致网络中断 30 分钟左右；整个项目实施耗时大概为 90 分钟，其中前 60 分钟工作可提前完成，如表 4-8 所示。

表 4-8 安全审计与上网行为管理系统实施时间表

步骤	动作	详细	业务中断时间（分钟）	耗时（分钟）
1	设备上架前检查	审计系统加电检查 审计系统软件检查 审计系统配置检查	0	20
2	实施条件检查确认	审计系统机架空间/挡板准备检查 网线部署检查 电源供应检查	0	10
3	设备上架	根据项目规划将设备上架 接通电源，并确认设备正常启动完成	0	30
4	审计系统上线	上线审计系统	5	5
		审计系统状态检查	10	10
		业务检查及测试	15	15

5. 回退

如经测试发现割接未成功，则执行回退。回退步骤如下：

（1）拔出安全审计与上网行为管理系统上连接的所有线路。

（2）将汇聚交换机与内部交换机之间的线路进行连接。

（3）业务连接测试。

综合训练

一、填空题

1.列举三个信息安全审计系统的用户类型（如金融行业）：_____，_____，_____。

2．列举两种 P2P 应用的软件工具（如迅雷）：_____、_____。

3．列举三种信息审计系统可控制的网络通信协议（如 HTTP）：_____、_____、_____。

4．如果要屏蔽 SQL 注入，那么应该在 URL 过滤的敏感参数有很多，例举三个：_____、_____、_____。

5．列举两种利用网络协议通信的攻击方式：_____、_____。

二、单项选择题

1．下面不属于审计系统的功能是（　　）。
   A．能防止任何一种计算机病毒
   B．记录 IP 访问
   C．阻断某些 Web 访问
   D．捕获即时通信记录

2．下面关于审计系统说法正确的是（　　）。
   A．审计系统是运行在 Windows 平台上的
   B．审计系统能阻断内网的 DDOS 攻击
   C．审计系统能对用户访问 Web 进行控制
   D．审计系统旁入部署根本无效

3．审计系统的部署方式有三种，其中不包括（　　）。
   A．旁路方式　　　　　　　　　B．直连模式
   C．网桥模式　　　　　　　　　D．网关模式

4．下面关于审计系统和防火墙区别说法正确的是（　　）。
   A．防火墙能部署在网关，审计系统不能
   B．防火墙和审计系统都可以让网外未经授权的信息阻断进入内网
   C．任何防火墙都能准确地检测出攻击来自哪一台计算机，审计系统不能
   D．防火墙能防止 DDOS 攻击，审计系统不能

5．审计系统是通过（　　）来阻断相应的 Web 访问的。
   A．默认就阻断
   B．通过设置 Web 阻断策略，屏蔽所有的 Web 访问，不能针对相应的 Web 网站
   C．设置相应的 Web 访问策略，针对相应的 Web 网站，并且启动生效
   D．根本阻断不了

6．下面关于审计系统的功能描述正确的是（　　）。
   A．能审计数据库中的敏感信息
   B．能获取 Web 访问的敏感信息
   C．能加密网络互相之间的通信

D. 能审计操作系统日志的敏感信息

7. 关于审计系统的技术架构，下面描述正确的是（　　）。

　　A. 审计系统技术架构与 IDS、防火墙一点关系都没有

　　B. 审计系统部分架构功能可以简单归纳为 IDS 加上数据分析

　　C. 审计系统技术架构与防火墙一样

　　D. 审计系统是 CS 的软件模式

8. 不属于审计系统策略范围的是（　　）。

　　A. 防止即时通信聊天

　　B. 阻断相应的 Web 访问

　　C. 阻断电子邮件传输

　　D. 阻断内网通信

9. 审计系统针对 Web 论坛发帖信息的获取用到的技术原理是（　　）。

　　A. 监控 HTTP 协议，抓取 HTTP 通信信息

　　B. 当 HTTP 有 GET 或者 POST 方法时，分析信息

　　C. 监控用户输入

　　D. 审核 Web 网站后台

三、思考题

1. 简述审计系统的常见部署方式和区别。

2. 如果在一个网关出入口流量非常大的网络环境中部署审计系统，你会选择什么部署方式？理由是什么？

技能拓展

【背景描述】

某单位网络拓扑图如图 4-25 所示，其中，PC 所在网段为 172.16.2.0/24。蓝盾安全审计与上网行为管理系统以透明模式接入网络，并针对内部网络分为业务组和非业务组。

【实验拓扑】

【需求分析】

1. 实现对内部网络业务组的网络进行访问控制，禁止访问 www.youku.com。

2. 实现内部网络对非业务组在使用常用即时通信工具（如 QQ 软件）时进行监控与网络审计，记录其聊天信息。

3. 实现内部网络对业务组在使用 Foxmail 进行邮件收发的信息时进行监控与网络审计，记录其收发邮件的信息。

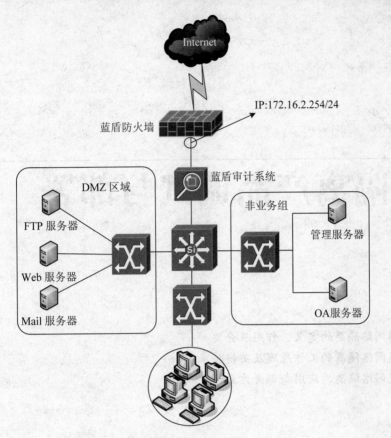

图 4-25　实验拓扑图

5

网络隔离产品调试与部署

知识目标

- 了解网络隔离的定义、作用及分类
- 掌握网络隔离的工作原理及关键技术
- 掌握网络隔离的应用与部署方式

技能目标

- 能够根据项目需求进行方案设计
- 能够对网络隔离产品进行部署、配置
- 能够对网络隔离产品进行测试和维护

项目引导

📖 项目背景

（某）市建设了电子政务网络，这样该市政府网络就形成两个部分：直接与互联网相连的电子政务外网和与省电子政务内网相连的市政府电子政务内网（专网）。其中，电子政务外网和电子政务内网为两个独立的子网，为了防止电子政务内网受到来自互联网的威胁，防止涉密信息的泄漏，要求两者之间进行物理隔离。但是根据实际工作情况，往往电子政务内、外网之间需要有数据的交换，隔离和连通的矛盾由此而生。那么如何通过技术手段来解决该矛盾呢？网络隔离产品（简称网闸）就可以很好地实现。目前各政府单位电子政务内、外网之间通常都是通过网闸来隔离，这样既保证了政务内网的安全性，又能实现两网之间的数据交换，满足办公的需要。

📖 需求分析

中共中央办公厅第十七号文件规定："电子政务网络由政务内网和政务外网构成，两网之间物理隔离，政务外网与互联网之间逻辑隔离。"

国家保密局制定的《计算机信息系统国际联网保密管理规定》中第六条规定："涉及国家秘密的计算机信息系统，不得直接或间接地与国际互联网或其他公共信息相连接，必须实行物理隔离"。

根据上述国家相关规定，结合该市政府办公的实际情况，具体需求分析如下：

（1）电子政务外网用户访问电子政务内网服务器区 OA 系统。

（2）电子政务内网用户需要上传部分文件到电子政务外网的 FTP 服务器（后面项目实训将以此需求为例）。

（3）电子政务内、外网用户有部分文件希望能够通过一个交换区域直接进行交换。

（4）电子政务内网的某重要业务数据库中的数据，需要发送到电子政务外网的前置机上。

（5）电子政务内网和外网之间在任何时刻都必须处于隔离的状态。

根据上述的分析，在与该市政府信息中心沟通后，决定在电子政务内网与电子政务外网之间放置网络隔离产品（网闸）。这样既能保证两个子网之间的物理隔离，同时也能满足了用户对数据交换和访问的各项需求。

📖 方案设计

本次项目采用网闸部署在市政府电子政务内网与市政府电子政务外网之间。网闸外部网口与电子政务外网核心交换机相连；网闸内部网口与电子政务内网核心交换机相连。具体网络拓扑图如图 5-1 所示。

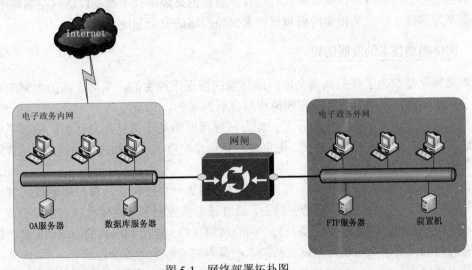

图 5-1　网络部署拓扑图

通过对网闸中"浏览网页设置"等实现外网用户访问内网 OA 服务器的需求；通过对网闸中"文件传输设置"等实现内网用户上传文件到外网 FTP 服务器的需求；内、外网部分需要做数据交换的，通过在用户计算机上安装网闸专用的数据交换客户端软件实现；通过对网闸中"数据库同步"等设置，实现内网数据库相关数据同步到外网前置机上。

相关知识

5.1 网络隔离技术概述

面对新型网络攻击手段的出现和高安全度网络对安全的特殊需求，全新安全防护防范理念的网络安全技术——网络隔离技术应运而生。网络隔离技术的目标是确保隔离有害的攻击，在可信网络之外和保证可信网络内部信息不外泄的前提下，完成网间数据的安全交换。网络隔离技术是在原有安全技术的基础上发展起来的，它弥补了原有安全技术的不足，突出了自己的优势。

所谓网络隔离技术，是指两个或两个以上的计算机或网络在断开连接的基础上，实现信息交换和资源共享。也就是说，通过网络隔离技术既可以使两个网络实现物理上的隔离，又能在安全的网络环境下进行数据交换。网络隔离的英文名为"Network Isolation"，从这个概念上是指把两个或两个以上可路由的网络(如 TCP/IP)，通过不可路由的协议(如 IPX/SPX、NetBEUI 等) 进行数据交换而达到隔离目的。由于其原理主要是采用了不同的协议，所以通常也叫协议隔离（Protocol Isolation）。网络隔离技术的主要目标是将有害的网络安全威胁隔离开，以保障数据信息在可信网络内进行安全交互。目前，一般的网络隔离技术都是以访问控制思想为策略，物理隔离为基础，并定义相关约束和规则来保障网络的安全强度。

5.1.1 网络隔离技术的发展历程

隔离概念是在为了保护高安全度网络环境的情况下产生的，隔离产品的大量出现，也是经历了五代隔离技术不断的实践和理论相结合后得来的。

第一代隔离技术——完全的隔离。此方法使得网络处于信息孤岛状态，做到了完全的物理隔离，需要至少两套网络和系统，更重要的是信息交流的不便和成本的提高，这样给维护和使用带来了极大的不便。

第二代隔离技术——硬件卡隔离。在客户端增加一块硬件卡，客户端硬盘或其他存储设备首先连接到该卡，然后再转接到主板上，通过该卡能控制客户端硬盘或其他存储设备。而在选择不同的硬盘时，同时选择了该卡上不同的网络接口，连接到不同的网络。但是，这种隔离产品有的仍然需要网络布线为双网线结构，产品存在着较大的安全隐患。

第三代隔离技术——数据转播隔离。利用转播系统分时复制文件的途径来实现隔离，切换时间非常久，甚至需要手工完成，不仅明显地减缓了访问速度，更不支持常见的网络应用，失去了网络存在的意义。

第四代隔离技术——空气开关隔离。它是通过使用单刀双掷开关，使得内外部网络分时访问临时缓存器来完成数据交换的，但在安全和性能上存在许多问题。

第五代隔离技术——安全通道隔离。此技术通过专用通信硬件和专有安全协议等安全机制，来实现内、外部网络的隔离和数据交换，不仅解决了以前隔离技术存在的问题，并有效地把内外部网络隔离开来，而且高效地实现了内、外网数据的安全交换，透明支持多种网络应用，成为当前隔离技术的发展方向。

5.1.2　网络隔离技术的安全要点

1．要具有高度的自身安全性

隔离产品要保证自身具有高度的安全性，至少在理论和实践上要比防火墙高一个安全级别。从技术实现上，除了和防火墙一样对操作系统进行加固优化或采用安全操作系统外，关键在于要把外网接口和内网接口从一套操作系统中分离出来。也就是说，至少要由两套主机系统组成，一套控制外网接口，另一套控制内网接口，然后在两套主机系统之间，通过不可路由的协议进行数据交换，如此，即便黑客攻破了外网系统，仍然无法控制内网系统，就达到了更高的安全级别。

2．要确保网络之间是隔离的

保证网间隔离的关键是网络包不可路由到对方网络，无论中间采用了什么转换方法，只要最终使得一方的网络包能够进入到对方的网络中，都无法称之为隔离，即达不到隔离的效果。显然，只是对网间的包进行转发，并且允许建立端到端连接的防火墙，是没有任何隔离效果的。此外，那些只是把网络包转换为文本，交换到对方网络后，再把文本转换为网络包的产品也是没有做到隔离的。

3．要保证网间交换的只是应用数据

既然要达到网络隔离，就必须做到彻底防范基于网络协议的攻击，即不能够让网络层的攻击包到达要保护的网络中，所以就必须进行协议分析，完成应用层数据的提取，然后进行数据交换，这样就把诸如 TearDrop、Land、Smurf 和 SYN Flood 等网络攻击包彻底地阻挡在了可信网络之外，从而明显地增强了可信网络的安全性。

4．要对网间的访问进行严格的控制和检查

作为一套适用于高安全度网络的安全设备，要确保每次数据交换都是可信的和可控制的，严格防止非法通道的出现，以确保信息数据的安全和访问的可审计性。所以必须施加以一定的技术，保证每一次数据交换过程都是可信的，并且内容是可控制的，可采用基于会话的认证技术和内容分析与控制引擎等技术来实现。

5．要在坚持隔离的前提下保证网络畅通和应用透明

隔离产品会部署在多种多样的复杂网络环境中，并且往往是数据交换的关键点，因此，产品要具有很高的处理性能，不能成为网络交换的瓶颈，要有很好的稳定性；不能出现时断时续的情况，要有很强的适应性，能够透明接入网络，并且透明支持多种应用。

5.2　常见的隔离设备

网络隔离常见的隔离设备有安全隔离卡、隔离集线器、隔离网闸等。

（1）安全隔离卡。安全隔离卡是物理隔离的低级实现形式，一个安全隔离卡只能管一台个人计算机，甚至只能在 Windows 环境下工作，每次切换都需要开关机一次。安全隔离卡的功能是以物理方式将一台 PC 虚拟为两台计算机，实现工作站的双重状态，既可在安全状态，又可在公共状态，两个状态是完全隔离的，从而使一台工作站可在完全安全状态下连接内、外网。安全隔离卡实际是被设置在 PC 中最低的物理层上，通过卡上一边的 IDE 总线连接主板，另一边连接 IDE 硬盘，内、外网的连接均须通过网络安全隔离卡。PC 硬盘被物理分隔成为两个区域，在 IDE 总线物理层上，在固件中控制磁盘通道，在任何时候，数据只能通往一个分区。

（2）隔离集线器。网络安全隔离集线器是一种多路开关切换设备，它与网络安全隔离卡配合使用。它具有标准的 RJ-45 接口，入口与网络安全隔离卡相连，出口分别与内外网络的集线器（Hub）相连。它检测网络安全隔离卡发出的特殊信号，识别出所连接的计算机，自动将其网络线切换至相应的网络 Hub 上。实现多台独立的安全计算机与内外两个网络的安全连接以及自动切换，进一步提高了系统的安全性。并且解决了多网布线问题，可以让连接两个网络的安全计算机只通过一条网络线即可与多网切换连接。对现存网络改进有较大帮助。

（3）隔离网闸。一种由带有多种控制功能专用硬件，在电路上切断网络之间的链路层连接，并能够在网络间进行安全适度的应用数据交换的网络安全设备。隔离网闸是利用双主机形式，从物理上来隔离阻断潜在攻击的连接。其中包括一系列的阻断特征，如没有通信连接、命令、协议、TCP/IP 连接、应用连接、包转发，只有文件"摆渡"，对固态介质只有读和写两个命令。其结果是无法攻击、无法入侵、无法破坏。

物理隔离设备的特性主要有：

- 阻断网络的直接连接，即没有两个网络同时连在隔离设备上。
- 阻断网络的 Internet 逻辑链接，即 TCP/IP 协议必须被剥离，将原始数据通过 P2P 的非 TCP/IP 连接协议透过隔离设备传输。
- 隔离设备的传输机制具有不可编程的特性，因此不具有感染的特性。
- 隔离设备传输的原始数据不具有攻击或对网络安全有害的特性。就像 TXT 文本不会有病毒一样，也不会执行命令等。

5.3　网闸概述

最早的网络隔离概念叫做 Sneakernet（人力网），人在两台计算机或者两个网络之间用软盘、磁带等可移动的存储介质来交换文件或数据，这样两个隔离的计算机或网络与人一起构成了一个逻辑上的虚拟网络，这就是 Sneakernet。从 Sneakernet 这个概念引申开来，更适合形容它的词是"数据摆渡"。在古代，河流经常被当作屏障，被赋予安全的含义。河流断开了传统交通工具（如马车）的路线，人被迫放弃乘坐马车，改乘船，在到达对岸之后，从船上下来，改乘其他的交通工具。船在河流中开动时，与两岸是完全断开的，而两岸在任何时候都是完全断开的。

美国军方在 20 世纪 80 年代和 1999 年 11 月，两次明确地要求把军方的网络与互联网断开，于是提出了网络隔离技术的研究，这时用得最多的是 Sneakernet 技术。以色列也是最早研究网络隔离技术的国家，它与周边国家关系紧张，因此非常重视网络安全。早期以色列的应用也是在军方，后来军方研究人员退休之后，纷纷开办商业公司，专门研究网络隔离技术和产品，逐渐网闸也形成了商业产品，因此以色列也是网络隔离技术商业化最早的国家。我国提出网络隔离是在 20 世纪 90 年代中后期，最先提出的是国家保密局，较多强调防止泄密。

21 世纪初，随着对 TCP/IP 的深入开发，网闸在数据交换方面逐渐实现了对 TCP/IP 协议的剥离和重组技术，于是网闸的并发数及速度不再是应用中的瓶颈，稳定性也逐渐提高。2004～2005 年，网闸厂家开始寻求技术突破，数据同步和文件同步的需求逐渐成为网闸技术攻关的方向，多家厂商很快初步实现了部分同步功能，同时突出网闸的数据隔离交换和防火墙逐渐形成两个完全不同的产品。自 2005 年至今，随着应用的发展，网闸的同步功能需求越来越广，对同步的要求也是逐步提高，数据隔离交换技术在很多场合也成了唯一选择。

网闸是使用带有多种控制功能的固态开关读写介质连接两个独立主机系统的信息安全设备。由于物理隔离网闸所连接的两个独立主机系统之间，不存在通信的物理连接、逻辑连接、信息传输命令、信息传输协议，不存在依据协议的信息包转发，只有数据文件的无协议"摆渡"，且对固态存储介质只有读和写两个命令。所以，物理隔离网闸从物理上隔离，阻断了具有潜在攻击可能的一切连接，使黑客无法入侵、攻击和破坏，实现了真正的安全。

第一代网闸技术原理是利用单刀双掷开关，使得内外网的处理单元分时存取共享存储设备来完成数据交换，实现了在空气缝隙隔离（Air Gap）情况下的数据交换，安全原理是通过应用层数据提取与安全审查达到杜绝居于协议层的攻击和增强应用层安全的效果。

第二代网闸正是在吸取了第一代网闸优点的基础上，创造性地利用全新理念的专用交换通道 PET（Private Exchange Tunnel）技术，在不降低安全性的前提下，能够完成内外网之间高速的数据交换，有效克服了第一代网闸的弊端，第二代网闸的安全数据交换过程是通过专用硬件通信卡、私有通信协议和加密签名机制来实现的，虽然仍然通过应用层数据提取与安全审查达到杜绝基于协议层的攻击和增强应用层安全的效果，但却提供了比第一代网闸更多的网络应用支持，并且由于其采用的是专用高速硬件通信卡，使得处理能力大大提高，达到第一代网闸的几十倍之多，而私有通信协议和加密签名机制保证了内、外处理单元之间数据交换的机密性、完整性和可信性，从而在保证安全性的同时，提供更好的处理性能，能够适应复杂网络对隔离应用的需求。

5.3.1 网闸的组成

安全隔离网闸是实现两个相互业务隔离的网络之间数据交换的有效设备，通用的网闸模型设计一般分三个基本部分：内部处理单元、外部处理单元、隔离与交换控制单元（隔离硬件），如图 5-2 所示。

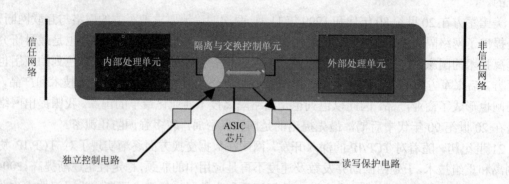

图 5-2　隔离网闸硬件结构示意图

内部处理单元：包括内网接口单元与内网数据缓冲区。接口部分负责与内网的连接，并终止内网用户的网络连接，对数据进行病毒检测、防火墙、入侵防护等安全检测后剥离出"纯数据"，做好交换的准备，也完成来自内网对用户身份的确认，确保数据的安全通道；数据缓冲区是存放并调度剥离后的数据，负责与隔离交换单元的数据交换。

外部处理单元：与内网处理单元功能相同，但处理的是外网连接。

隔离与交换控制单元：是网闸隔离控制的摆渡控制，控制交换通道的开启与关闭。控制单元中包含一个数据交换区，就是数据交换中的摆渡船。对交换通道的控制方式目前有两种技术，即摆渡开关与通道控制。摆渡开关是电子倒换开关，让数据交换区与内外网在任意时刻的不同时连接，形成空间间隔 GAP，实现物理隔离。通道控制是在内、外网之间改变通信模式，中断了内外网的直接连接，采用私密的通信手段形成内、外网的物理隔离。该单元中有一个数据交换区，作为交换数据的中转。

在内、外网处理单元中，接口处理与数据缓冲之间的通道称为内部通道 1，缓冲区与交换区之间的通道称为内部通道 2。对内部通道的开关控制，就可以形成内外网的隔离。模型中用中间的数据交换区摆渡数据，称为三区模型；摆渡时，交换区的总线分别与内、外网缓冲区连接，也就是内部通道 2 的控制，完成数据交换。三区模型如图 5-3 所示。

还有一种方式是取消数据交换区，分别交互控制内部通道 1 与内部通道 2，形成二区模型。二区模型的数据摆渡分两次：先是连接内、外网数据缓冲区的内部通道 2 断开，内部通道 1 连接，内、外网接口单元将要交换的数据接收过来，存在各自的缓冲区中，完成一次摆渡。然后内部通道 1 断开，内部通道 2 连接，内、外网的数据缓冲区与各自的接口单元断开后，两个缓冲区连接，分别把要交换的数据交换到对方的缓冲区中，完成数据的二次摆渡。二区模型如图 5-4 所示。

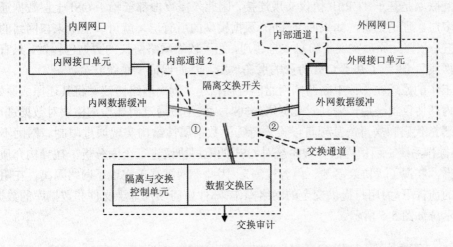

图 5-3　网闸设计原理模型（三区模型）

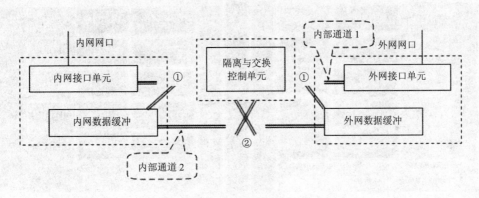

图 5-4　网闸设计原理模型（二区模型）

5.3.2　网闸的工作原理

　　安全隔离网闸是一组具有多种控制功能的软、硬件组成的网络安全设备，它在电路上切断了网络之间的链路层连接，并能够在网络间进行安全的应用数据交换。第二代网闸通过专用交换通道、高速硬件通信卡、私有通信协议和加密签名机制来实现高速、安全的内外网数据交换，使得处理能力较第一代网闸大大提高，能够适应复杂网络对隔离应用的需求；私有通信协议和加密签名机制保证了内外处理单元之间数据交换的机密性、完整性和可信性。

　　与同类产品比较，网闸具有更高的安全性和可靠性，作为目前业界公认的较为成熟可靠的网络隔离解决方案，在政府部门信息化建设中逐渐受到青睐。网闸通过内部控制系统连接两个独立网络，利用内嵌软件完成切换操作，并且增加了安全审查程序。作为数据传递"中介"，网闸在保证重要网络与其他网络隔离的同时进行数据安全交换。

由于互联网是基于 TCP/IP 协议实现连接，因此入侵攻击都依赖于 OSI 七层数据通信模型的一层或多层。理论上讲，如果断开 OSI 数据模型的所有层，就可以消除来自网络的潜在攻击。网闸正是依照此原理实现了信息安全传递，它不依靠网络协议的数据包转发，只有数据的无协议"摆渡"，阻断了基于 OSI 协议的潜在攻击，从而保证了系统安全。

网闸工作的原理在于：中断两侧网络的直接相连，剥离网络协议并将其还原成原始数据，用特殊的内部协议封装后传输到对端网络。同时，网闸可通过附加检测模块对数据进行扫描，从而防止恶意代码和病毒，甚至可以设置特殊的数据属性结构实现通过限制。网闸不依赖于 TCP/IP 和操作系统，而由内嵌仲裁系统对 OSI 的七层协议进行全面分析，在异构介质上重组所有的数据，实现了"协议落地、内容检测"。因此，网闸真正实现了网络隔离，在阻断各种网络攻击的前提下，为用户提供安全的网络操作、邮件访问以及基于文件和数据库的数据交换。应用数据示意如图 5-5 所示。

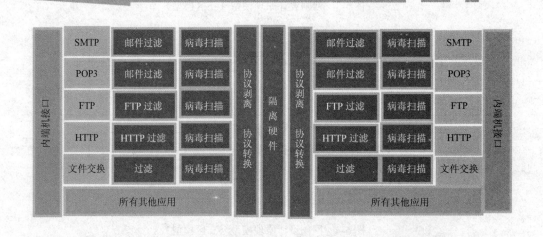

图 5-5　隔离网闸处理应用数据示意图

5.3.3　网闸与防火墙的对比分析

防火墙与网闸同属网络安全产品类别，但它与网闸是截然不同的。防火墙是基于访问控制技术，即通过限制或开放网络中某种协议或端口的访问来保证系统安全，主要包括静态包过滤、网络地址转换、状态检测包过滤、电路代理、应用代理等方法来进行安全控制，通过对 IP 包的处理，实现对 TCP 会话的控制，并通过访问控制的方式允许合法的数据包进入内部网络，从而防止非法用户获取内部重要信息，阻止黑客入侵。对两者在各方面的对比如表 5-1 所示。

表 5-1　网闸系统接口对应表

项目	防火墙	网闸
安全机制	采用包过滤、代理服务等安全机制,安全功能相对单一	在数据"摆渡"技术基础上,综合了访问控制、内容过滤、病毒查杀等技术,具有全面的防护功能
硬件设计	防火墙硬件设计遵循 OSI 协议,可能存在安全漏洞,易遭受攻击	硬件设计采用基于 GAP 技术的体系结构,运行稳定,不会因网络攻击而瘫痪
操作系统	防火墙操作系统对应 TCP/IP,可能存在安全漏洞	不依赖于 OSI 协议,采用专用安全操作系统作为软件支撑系统,实行强制访问控制
网络协议处理	对未知网络协议的漏洞无法预知,需要随时修补	采用专用映射协议代替原网络协议实现纯数据传输,没有通用协议的安全漏洞,无须升级处理
管理维护	管理配置较为复杂	管理配置简洁,且无须经常维护
与其他安全设备联动	缺乏	可与防火墙、入侵检测、VPN 等安全设备结合,形成综合网络安全防护平台

　　防火墙在使用中存在以下问题:首先,防火墙侧重于网络层至应用层的策略隔离,在使用前需要对网络攻击特征规则库进行复杂的配置和动态维护,并及时更新安全策略才能满足用户安全需要;其次,多数防火墙是基于路由器的数据包分组过滤类型,防护能力较差。

　　通过性能对比,防火墙与网闸存在的区别在于:

　　首先,防火墙是访问控制类产品,它不能实现完全隔离,必须在网络互通的情况下进行访问控制。防火墙工作依赖于 TCP/IP 协议,在网络层对数据包做安全检查,因此无法保证数据安全性;而隔离网闸是在网络断开的情况下,以非网络方式进行数据交换,实现信息的共享。网闸数据交换不依赖于 OSI 模型,通过隔离硬件将内外网络在链路层断开,由仲裁系统在内外网对应节点上进行切换,在剥离协议并重新封装原始数据后,对硬件上的存储芯片进行读写来完成数据的交换,因此网闸实现了内、外网完全隔离。

　　其次,防火墙常用于保证网络层安全的边界安全(如 DMZ 区),而网闸主要保护内部网络的安全。防火墙通常用网络地址翻译及存取列表来限定某个地址范围或端口协议的访问。例如,防火墙应用代理的典型安全威胁是:木马程序通常利用操作系统漏洞绕过防火墙入侵应用代理服务器;而隔离网闸能够很好地解决高性能、高安全性、易用性之间的矛盾,网闸无须升级即可防止入侵,它切断所有的 TCP 连接,包括 UDP、ICMP 等其他各种协议,使各种木马程序无法通过网闸进行通信。

5.3.4　网闸的意义

　　当用户的网络需要保证高强度的安全,同时又与其他不信任网络进行信息交换的情况下,如果采用物理隔离卡,用户必须使用开关在内、外网之间来回切换,不仅管理起来非常麻烦,使用起来也非常不方便,如果采用防火墙,由于防火墙自身的安全很难保证,所以防火墙也无法防止内部信息泄露和外部病毒、黑客程序的渗入,安全性无法保证。在这种情况下,安全隔离网闸能够同时满足这两个要求,弥补了物理隔离卡和防火墙的不足之处,是最好的选择。

对网络的隔离是通过网闸隔离硬件实现两个网络在链路层断开,但是为了交换数据,通过设计的隔离硬件在两个网络对应的基础上进行切换,通过对硬件上的存储芯片的读写,完成数据的交换。

安装了相应的应用模块之后,安全隔离网闸可以在保证安全的前提下,使用户可以浏览网页、收发电子邮件、在不同网络上的数据库之间交换数据,并可以在网络之间交换定制的文件。

5.3.5 网闸主要功能模块

1. 专用数据通道控制模块

该模块是隔离网闸系统的核心部分,由物理隔离通道控制系统硬件组成,该硬件设备采用专用大规模集成电路芯片(ASIC)将数据传输控制逻辑固化,达到嵌入式控制目的,使得黑客无法更改,病毒无法破坏,彻底保障系统本身的安全。作为内端机和外端机之间连接的唯一通道,DTP物理隔离通道控制系统可以按照用户要求对数据传输通道进行控制:允许双通道传输或者仅开通单通道传输,进而实现对数据流向的控制。如只允许数据从外网传到内网,不允许数据从内网向外网传送,这种通过硬件控制数据流向的方法确保了内网信息的绝对安全。

物理隔离通道控制系统硬件设备由于采用嵌入式控制技术,在系统内核中实现了网络通道开关功能,因此,网闸系统可以达到极高的处理和通信速度,对网络通信的附加延时在毫秒量级,几乎可以忽略不计,从而实现真正意义上的动态实时数据交换。

2. 专用通信协议转换模块

为了消除通用网络协议(如TCP/IP协议)存在的安全漏洞,通常需要专门为隔离网闸开发安全、高效的通信协议。利用专用通信协议,物理隔离通道控制系统在内、外端机之间对数据通道进行控制,所有通过网闸的数据首先被剥离为不包含任何附加信息的纯数据,经严格检查数据合法性后,按照专用通信协议对这些纯数据进行处理和转发,在到达目的地之前,再将专用通信协议转换为通用网络协议。通过协议转换,来自外网的各种攻击被阻挡在了外端机之外,对内网起到了很好的保护作用。

3. 多服务处理模块

隔离网闸通常也会提供多种安全、可靠的网络服务,网闸的多服务处理模块能够保证内网用户在与互联网物理隔离的情况下,仍然可以高效、实时地从互联网上浏览网页、收发邮件、下载文件等,同时为用户提供隔离环境下文件的实时交换功能。

4. 信息审计模块

隔离网闸通常需要提供强大的信息审计功能,包括对于病毒邮件、系统安全状况、用户登录信息、数据传输详细日志(包括源地址、目标地址、数据传输量)等都进行详细记录,并定期进行日志信息备份,以备核查。管理员可以通过该模块了解到数据目录中任何一个文件是由谁、由哪一台计算机上传输过来的。这样一旦出现安全问题,就很容易查出责任人。

5. 身份认证模块

隔离网闸可以提供基于用户名、口令、IP 地址、MAC 地址、指纹五种组合的身份认证方式，有效防止传输过程中认证信息被窃取，对认证信息采用了动态更新的方式进行保护。由于采用了多因素认证，极大地增加了认证的安全性。本模块可提供指纹认证接口，连接指纹识别仪实现强身份认证。也可根据用户需要提供基于数字证书的认证方式。

6. 数据加密模块

为保证涉密信息的安全性，隔离网闸可对数据进行加密处理，在进行文件传输时，用户可自行选定是否对文件进行加密，接收人员对接收到的加密文件可自行解密。

7. 内容审查模块

为防止内网用户无意中泄露涉密信息，或者从外网传入某些不健康文件，隔离网闸需带有内容审查模块，管理员可根据需要分别设置从内到外和从外到内交换数据时文件中禁止包含的关键字信息。交换时，系统会自动对交换数据进行审查，对包含有关键字信息的数据拒绝传送。

同时还需要对格式为.txt、.html、.doc、.xls、.zip、.rar、.arj 等文件进行检索，也可对 SQL 等多种数据库文件进行检索，用户感觉是透明的。

8. 病毒查杀模块

为了防止病毒、木马等在网络上的传播，网闸通常也具有防病毒模块。采用知名防病毒厂商的防病毒产品对进出隔离网闸的数据进行检查，一旦发现病毒，就会对该数据进行截获，并自动清除病毒，同时病毒库可从网络上自动更新。

5.3.6 隔离网闸的主要功能

1. 提供互联网浏览服务

（1）支持 HTTP/HTTPS 应用。

网闸遵循互联网标准 HTTP/HTTPS，提供应用级的代理来实现各种互联网浏览和访问。这种应用主要是为内部网络用户能够安全地访问互联网来浏览网站和查阅资料提供的。访问外部网站可以不受限制，也可以进行限制。只有被访问和被请求的信息经过安全检查后才可以交换到内部，完全禁止主动对内部网络的访问。

（2）提供网页和站点过滤功能。

网闸提供过滤功能，可方便地通过协议、域名、文件类型、关键词等过滤条件设置安全策略，防止网络资源的非法使用。可以提供协议命令过滤、关键词过滤、URL 过滤、黑白名单、脚本过滤等，同时可根据需要定制每个用户的允许上网时间。

（3）提供电子邮件收发服务。

网闸支持标准的 SMTP 和 POP3 协议的电子邮件，可以配置安全可定制的地址内容检查、审核和控制。

2. 提供用户分组管理与身份认证功能

网闸对用户实行分组管理，同一组用户具有相同的访问权限，用户的身份认证可采用用户名和密码、IP 地址、MAC 地址等多种组合绑定方式，同时可根据需要制定每个用户的允许上网时间。

3. 提供数据库交换服务

网闸可提供多种主流数据库（SQL Server、Oracle、Sybase、DB2 等）的单、双向数据交换，发送、接收应用数据；无须修改数据库表结构，不涉及代码及修改；可以同时发送和接收一个关系数据库中的多个表；支持多种增量方式；支持大字段数据同步交换；支持不同类型关系型多个数据库之间的安全传输数据；数据传输采用 SSL 加密。文件交换：文件交换效率高，无需高频率扫描磁盘，系统压力小；支持实时或定时文件摆渡；支持文件类型过滤；数据传输采用 SSL 加密。

4. 提供文件交换服务及 FTP 文件服务

网闸提供内、外网间文件定时或实时的交换，可控制文件传输方向，提供单向或双向传输，同时支持 FTP 文件上传及下载服务。

5. 提供视频点播服务

网闸支持 HTTP、MMS、RTSP 常用流媒体协议，用户可在内网上通过网闸系统点播互联网上的视频节目。

6. 支持开发接口和用户自定义端口服务

网闸提供方便的开发接口，可根据用户的网络特点和应用需求，通过二次开发定制用户的个性化安全策略，从而达到理想的安全效果；可由用户自定义开放端口，以供自己的应用系统使用。

7. 提供完整的审计功能

网闸带有审计系统，审计日志详细记录了系统安全状况、用户登录信息、数据传输详细情况等；可定期进行日志信息备份和转存功能。

8. 提供防病毒功能

网闸采用防病毒软件，内置的病毒检测软件可使网闸起到类似于病毒网关的作用，病毒特征库可通过互联网在线升级。

9. 支持消息同步

采用基于证书认证的方式进行自定义消息交换；数据传输采用 SSL 加密；支持多种平台，包括 Windows、Linux、AIX、UNIX 等；提供 C、Java 两种开发接口；基于组策略的权限控制；支持多会话并发消息传递。

10. 提供网闸升级功能

网闸提供系统的软件升级功能，用户可以通过本地的网闸管理平台，从本地导入升级文件升级。

5.3.7 隔离网闸的典型应用

隔离网闸可以适用于多种行业的应用，在不同网络之间实行实时的数据交换。根据市场的需求，国内外有很多厂商推出了网闸产品，同时也具有各自的技术特点，实现对数据内容的严格过滤和摆渡交换，典型应用于内部网络和 Internet 之间、涉密网络和普通内网之间、涉密网络的不同安全域之间以及非涉密网络与公共网络之间等。在保密、公安、税务、交通、银行、媒体、证券、军队、电信、教育、企业等行业提供了安全、高效、可靠的数据隔离交换服务。

1. 电子政务的应用

国家政府相关部门明确要求政务内网与政务外网之间需要物理隔离，确保政务内网的网络安全，预防内部工作人员有意或无意地泄露国家机密、避免遭受外部黑客的攻击和入侵。但是，由于政务内网与互联网络彻底隔离，这为内网的工作人员通过互联网进行适度的查阅资料、收发邮件和浏览新闻等带来诸多不便。

但是通过物理隔离网闸，为政务内网的授权工作人员提供最小化的互联网访问服务，可以有效阻止内部工作人员在访问互联网时，通过政务内网泄露内网的机要信息，并从物理上阻断外部黑客侵入到政务内网之中，能够在确保政务内网安全的同时，为内网工作人员提供必要的互联网单向访问服务或双向访问服务，有效地解决了政务内部因为物理隔离所带来的诸多不便，极大地提高了内部工作人员的办事效率。

2. 公安行业的应用

公安厅治安管理信息中心电子政务网络是公安厅治安管理信息中心信息交互的重要平台。由于公安业务不断推广，各个照相制证中心点需要把每张照片上报到公安网的人员信息服务器，为保护内网的安全，需要使用网闸设备实现各个照相制证中心点与内网之间的物理隔离，最大程度地保护公安内网的高度安全。隔离网闸保障内网申报服务器和各个照相制证中心点之间的安全隔离，同时实现内网申报服务器和各个照相制证中心点之间的信息交换。各个照相制证中心点可以通过安全隔离网闸把每张照片上报到公安网的人员信息服务器。

与此同时，在公安部门其他业务（如移动警务、人口资源管理、交警网络、消防网络之间的安全隔离）都得到很好的应用。

3. 金融行业的应用

银行在日常的业务处理过程中，随着网上银行等相关业务的拓展，银行内部的相关系统需要与外网进行数据的访问和交换，这就需要确保网络信息的完整性和正确性，尤其要防范外部恶性行为入侵银行的网络环境。为确保网络数据的完整性，银行将内部网络系统与外部网络隔离，除特殊部门的工作人员可访问外部网资源外，其他人员均不能访问。

另外，社保、证券、股票、信贷等通过核心交换机接入，实现了与银行网络的互联，能够和其他某行的数据业务网进行信息的交互。

银行行业网络隔离与信息交换建设通过安全隔离网闸达到以下目标：

（1）从管理和技术角度上，建立多层安全体系，保证了银行数据业务网的安全性、保密性。同时在保持同社保、证券、股票、信贷网等物理隔离的同时，进行适度的、可控的内外网络的数据交换。

（2）对银行行业数据业务网工作人员文件交换、访问外网进行身份认证控制，并实现分组管理。

（3）详细记录银行行业数据，业务网工作人员通过网闸文件交换及访问外网的日志做到有案可查。

4．医疗行业的应用

医疗行业对网闸的应用需求也十分广泛，医院各个部门（如门诊收费人员、药房管理人员、医生和行政管理人员）通过中心交换机实现网络的互联和对医院内部服务器的访问，门诊收费处通过 DDN 专线可以访问社保网。

从管理和技术角度上，建立多层安全体系，保证局域网信息和各应用系统的安全性、保密性。同时在保持内外网络物理隔离的同时，进行适度的、可控的内外网络的数据交换。保护医院收费服务器、药房管理服务器及病区管理服务器等重要服务器的安全，实现隔离，防止外网黑客的攻击。

其次，对医院各个部门人员上网进行身份认证控制，并实现分组管理。例如，门诊收费人员只允许访问内网服务器和社保网，禁止访问互联网；护士站、药房管理人员只允许访问内网服务器，禁止上互联网；医生及行政人员既可以访问内网服务器，也可以访问互联网；详细记录每个人员上网的日志，做到有案可查。这些都可以利用网闸的功能来实现，大大提高了工作中数据转换的安全。

5．军工行业的应用

军队军工行业严格来说是属于涉密的网络，一般应用分为内部办公网、内部专用网和互联网，也有些军队（军工）单位有用于生产控制的网络或者具有特定应用的小型局域网。三个网络之间要求物理隔离。内部办公网主要用于军队内部实现办公自动化和内部业务；内部专用网一般用于军工系统网络，该网络既可以实现系统办公自动化、信息共享、科研教学等，也可以实现业务控制、生产控制等应用。外网直接和互联网连接，是内部用户与外界信息交流和共享的重要途径。对于科研生产用的网络，主要是用于军队（军工）科研生产的自动控制系统、ERP 系统、PDM 系统，甚至是武器装备控制系统等。其所有的网络，不管是内网、专网、外网还是科研生产控制网等，都必然构成了一个军队（军工）网络系统的一个整体，不同网络的相互关联和区别对于网络安全特别是涉密网络的安全具有重要作用。因此军工专网和军工内网的安全是头等重要的问题。

隔离网闸部署在内部办公网、内部专用网和互联网之间，保证三网安全隔离的同时，又能进行安全的数据交换。

5.3.8　网闸的部署模式

安全隔离网闸通常部署在两个安全级别不同的两个网络之间，如信任网络和非信任网络，管理员可以从信任网络一方对安全隔离网闸进行管理。结合网络的架构，网闸一般可以支持透明模式、网关模式、映射模式，当然有些厂商支持的模式略有不同。

1. 透明模式

提供内（外）网到外（内）网的透明代理（Transparent Proxy）访问，这种模式下保留源地址的真实 IP。提供内（外）网到外（内）网的透明访问，这种模式下，网闸对内外网的主机是透明的，如图 5-6 所示。

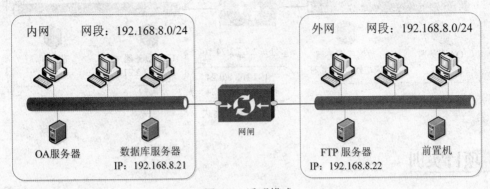

图 5-6　透明模式

2. 网关模式

提供内（外）网到外（内）网通过网关模式（NAT）访问，这种模式下所有的源地址经过了 SNAT（源地址转换）。提供内（外）网到外（内）网的统一接口的访问，这种模式下，内网的主机对外网来说都是不可见的，内（外）网（即访问源）都通过网闸向外访问服务，如图 5-7 所示。

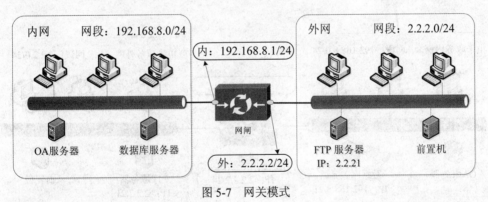

图 5-7　网关模式

3. 映射方式

提供内（外）网到外（内）网通过映射方式（PNAT）访问，这种模式把目的 IP 和端口转化为外网闸外（内）端的虚拟 IP。提供内（外）网到外（内）网的通过接口的访问或接受服务，这种模式下，对内、外网的主机相互之间都是不可见的，通过网闸来提供或者接受服务，如图 5-8 所示。

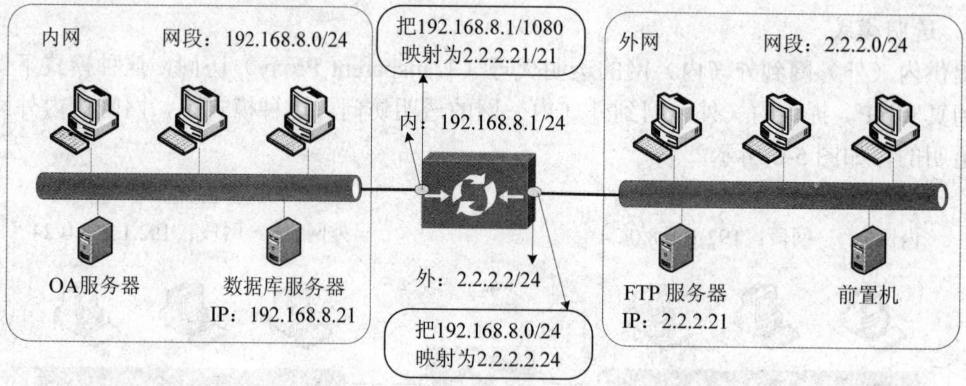

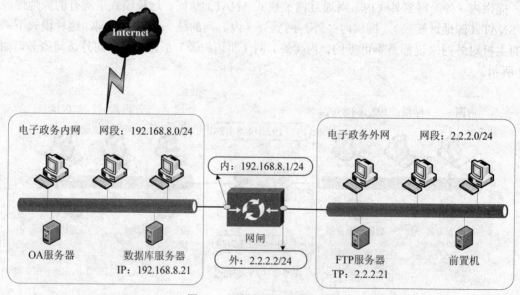

图 5-8　映射模式

5.4　项目实训

根据本章开头所述具体项目的需求分析与方案设计，开展本次实训。详细的网络拓扑及 IP 设置如图 5-9 所示。

图 5-9　网络部署详细拓扑图

5.4.1　任务 1：网闸基本网络配置

在本次实训中，我们通过对网闸进行相关配置后，要求内网用户能上传文件到外网的 FTP 服务器（FTP 用户名为 ftp，密码为 ftp），并且禁止上传扩展名为.zip 的文件和文件名为 sex 的文件。

1. 了解网闸系统硬件

了解网闸产品的前面板，如图 5-10 所示。主要包括四个内部网口、一个内网热备口、状态指示灯若干、状态显示和控制面板。

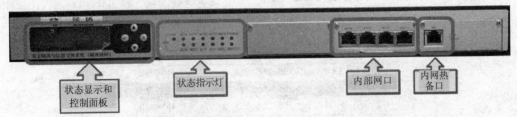

图 5-10　网闸前面板

了解网闸产品的后面板，如图 5-11 所示。主要包括四个外部网口、一个外网热备口、内外网的 Console 管理口（RS232 接口形式），以及电源开关、插口和风扇。

图 5-11　网闸后面板

将网闸内部网口中的 LAN1 口与电子政务内网主交换机相连；将网闸外部网口中的 LAN2 口与电子政务外网主交换机相连。内部网络默认出厂参数如图 5-12 所示，外部网络默认出厂参数如图 5-13 所示。

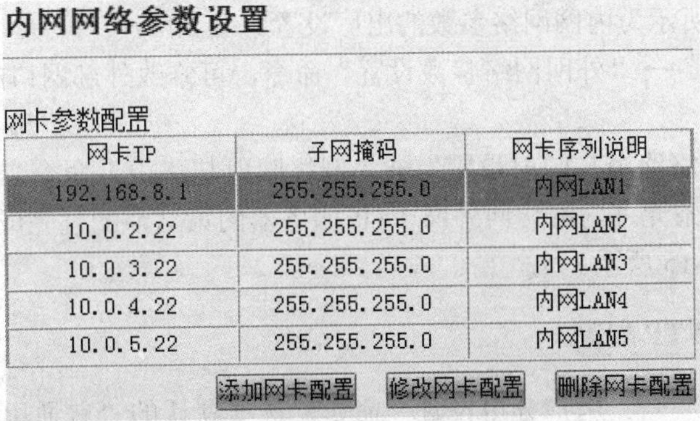

内网网络参数设置

网卡参数配置

网卡IP	子网掩码	网卡序列说明
192.168.8.1	255.255.255.0	内网LAN1
10.0.2.22	255.255.255.0	内网LAN2
10.0.3.22	255.255.255.0	内网LAN3
10.0.4.22	255.255.255.0	内网LAN4
10.0.5.22	255.255.255.0	内网LAN5

添加网卡配置　修改网卡配置　删除网卡配置

图 5-12　内部网络参数设置

2. 登录网闸管理界面

在 IP 地址为 192.168.8.X 的内网管理计算机上打开 IE 浏览器，并在 IE 地址栏内输入

https://192.168.8.1（LAN1 口默认出厂 IP）后即可打开登录界面，输入"管理员名称"和"密码"（用户名和密码分别为 admin、admin）后，即可登录进网闸的管理界面，如图 5-14 所示。

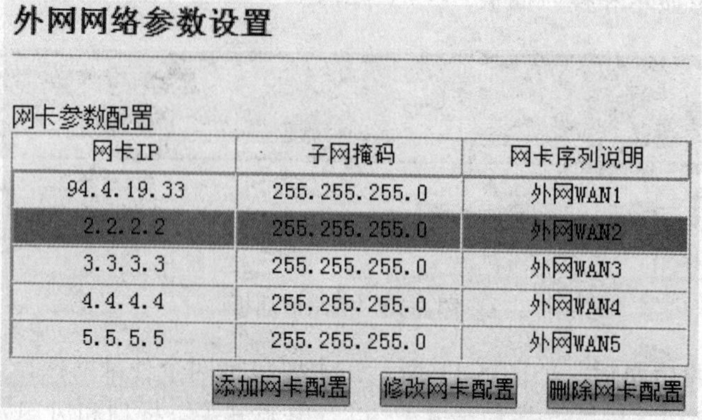

外网网络参数设置

网卡参数配置

网卡IP	子网掩码	网卡序列说明
94.4.19.33	255.255.255.0	外网WAN1
2.2.2.2	255.255.255.0	外网WAN2
3.3.3.3	255.255.255.0	外网WAN3
4.4.4.4	255.255.255.0	外网WAN4
5.5.5.5	255.255.255.0	外网WAN5

添加网卡配置　　修改网卡配置　　删除网卡配置

图 5-13　外部网络参数设置

图 5-14　登录界面

进入登录界面后，选择"网络设置"→"内网网络参数设置"命令，可以修改内部网口的 IP 地址，图 5-12 所示为内网网络参数的出厂设置。

选择"网络设置"→"外网网络参数设置"命令，可修改外部网口的 IP 地址，如图 5-13 所示。

接下来单击"网络路由与映射设置"→"网络映射与路由"命令，在该页面中单击"添加"按钮后，设置一条允许内网访问外网 FTP 服务器的策略，配置完成后，就可以进一步配置 FTP 实训，如图 5-15 所示。

5.4.2　任务 2：网闸 FTP 配置

选择"用户管理"→"用户分组设置"命令，选择默认的"普通用户"后单击"编辑用户组"，然后选择"文件传输设置"选项卡，在"FTP 设置一"选项卡中选中"开通 FTP 服务"单选按钮，选中"只允许访问下列 FTP 服务器"单选按钮后，添加政务外网 FTP 服务器 IP 地址（2.2.2.21），如图 5-16 所示。

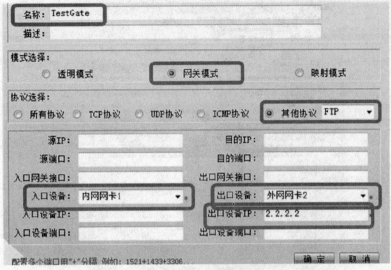

图 5-15 网络映射路由

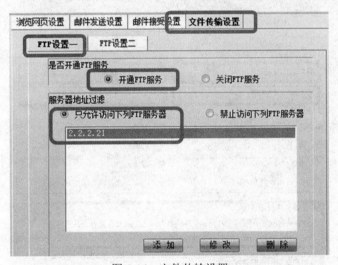

图 5-16 文件传输设置

然后选择"FTP 设置二"选项卡,在"禁止传送以下面文件名命名的文件"文本框中"添加"一条"sex"的记录;在"禁止传送符合下面扩展名类型的文件"文本框中"添加"一条"zip"的记录,如图 5-17 所示。

单击主菜单中的"用户管理"→"用户设置"命令,在该页面中单击"新建用户",在弹出的页面中填入"用户名"为 test,选择"所属用户组"为"普通用户",输入"密码"为"888888",并在"确认密码"文本框中再输入一遍;在"用户交换文件权限设置"框中勾选所需授予的权限;并且在"允许用户浏览网页的时段"文本框中添加一条时间段,如图 5-18 所示。

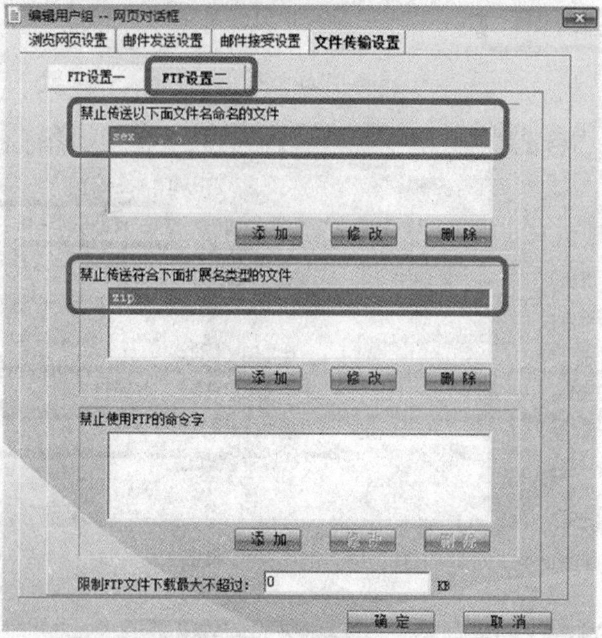

图 5-17　FTP 设置

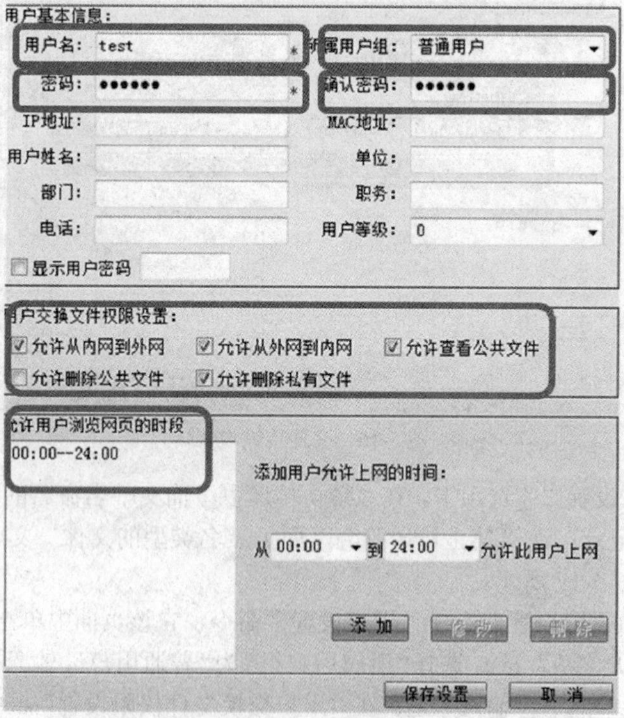

图 5-18　用户信息

"用户设置"完成后可以看到新添加的"test"用户，如图 5-19 所示。

用户设置

用户名称	用户所属组	用户IP地址	用户MAC地址	查看公共文件权限	传送文件权限	删除文件权限	删除私有文件权限
anonymous	普通用户	*	*	允许查看	允许双向传送文件	允许删除	允许删除
test	普通用户	*	*	允许查看	允许双向传送文件	允许删除	允许删除

图 5-19　用户设置

单击主菜单中的"管理与远程设置"→"网闸运行状态控制"命令，在这里选中"启用FTP 代理"单选按钮，并单击"保存配置"按钮，如图 5-20 所示。

图 5-20　FTP 代理服务控制

对上面所做的"配置生效"后，就可以进行测试了。在一台 IP 为 192.168.8.X 的内网 Windows 主机上单击"开始"→"运行"命令，输入 cmd 并单击"确定"按钮后，弹出如图 5-21 所示的窗口；在该窗口中输入 ftp 2.2.2.21 后，即可连接到 FTP 服务器，输入用户名 test#ftp#2.2.2.21（用户名的组成为"网闸用户#FTP 服务器端用户#FTP 服务器 IP 地址"）和密码 888888#ftp（密码的组成为"网闸用户密码#FTP 服务器用户密码"），即可成功登录 FTP 服务器，如图 5-21 所示。

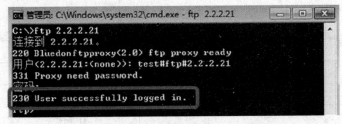

图 5-21　FTP 命令行

通过 put 命令可以成功上传一个本地.doc 文件到 FTP 服务器；而在上传扩展名为.zip 的文件以及文件名中有 sex 的文件时，则均被禁止了，如图 5-22 所示。

至此，我们就根据本次实训的要求成功配置并测试通过。

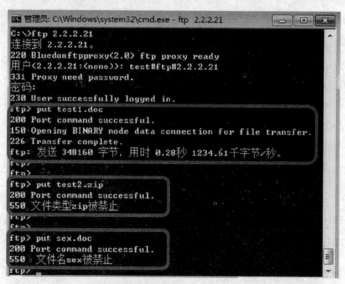

图 5-22　FTP 测试

5.5　项目实施与测试

5.5.1　任务 1：测试平台准备

1．测试所需软、硬件准备及网络环境搭建

表 5-2 列出测试所需的软、硬件模块。

表 5-2　测试平台配置模块

硬件平台	数量
网闸系统	一台
测试工作站（PC 机）	四台
管理机（PC 机）	一台
服务器	两台
交换机	两台
网线	若干条
软件平台	数量
Windows Server 2003 中文版（SP2）	一套
SQL Server 2005	一套
Windows XP Professional 中文版	一套

　　为了能全面地测试网络隔离系统的接口标准及其提供的相关功能，并确保测试的过程、环境和结论的真实性和可信性，搭建仿真现实的网络环境，其网络拓扑结构如图 5-23 所示。注意图中 IP 地址的设置。

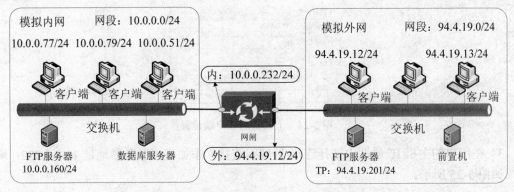

图 5-23　网闸系统测试环境拓扑图

　　测试环境所需测试工具列表见表 5-3。

表 5-3　测试工具配置模块

测试工具模块	数量
CuteFTP	一套
IE 浏览器	一套
HTTP 代理上网客户端	一套
Foxmail 或 Outlook	一套
SQL Server 客户端	一套
Oracle 客户端	一套
文件交换客户端	一套
文件自动收发客户端	一套

　　2. 网闸系统设置

　　网闸系统已经进行基本配置，其管理端口 IP 已经改为 10.0.0.232。在浏览器地址栏中输入地址https://10.0.0.232，输入用户名为 test，密码为 123456，登录网闸系统管理界面。

　　内外网 FTP 服务器的配置如下：

　　内网 FTP 服务器 IP：10.0.0.160，用户名：administrator：密码：tp123456；

　　外网 FTP 服务器 IP：94.4.19.201，用户名：administrator：密码：tp123456。

　　3. 功能测试

　　（1）互联网浏览功能测试。

1）在内网管理机上登录网闸配置界面，把网闸配置文件包导入网闸，使配置生效。

2）安装 HTTP 上网代理客户端，配置上网代理 IP 为 10.0.0.232，用户名为 test，密码为 123456，如图 5-24 所示。

图 5-24　上网代理客户端设置

3）在用户的主机 IE 属性中选择连接/局域网连接，添加代理服务器地址 10.0.0.232，端口 80，如图 5-25 所示。

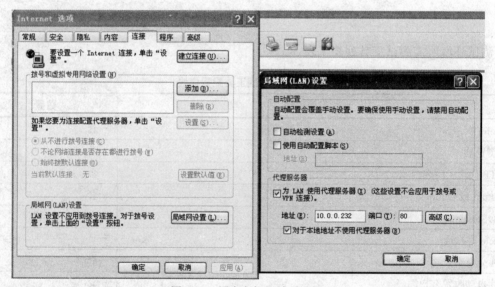

图 5-25　用户主机局域网设置

认证成功后，打开 IE 浏览器网页。

4）预期测试结果：认证成功后可以通过网闸代理上网。

（2）邮件服务功能测试。

1）在内网管理机上登录网闸配置界面，把网闸配置文件包导入网闸，使配置生效（注：如果在功能 1 测试时已经导入过配置了，就可以跳过此步骤。）

2）内网客户机上安装 Foxmail 或 Outlook 作为邮件客户端。以配置 Outlook 为例，设置如下：

● 发送邮件服务器（SMTP）：10.0.0.232。

- 接收邮件服务器（POP3）：10.0.0.232。

以下是用户在客户端软件的基本配置：

- POP3 账户的格式为：网闸用户名#邮件服务器用户名#邮件服务器名；
- 密码格式为：网闸用户名密码#邮件账户密码；
- SMTP 账户的格式为：网闸用户名#邮件服务器用户名#邮件服务器名；
- 密码格式为：网闸用户名密码#邮件账户密码。

要访问外网邮件服务器的账户 user2，编写格式如图 5-26 所示。

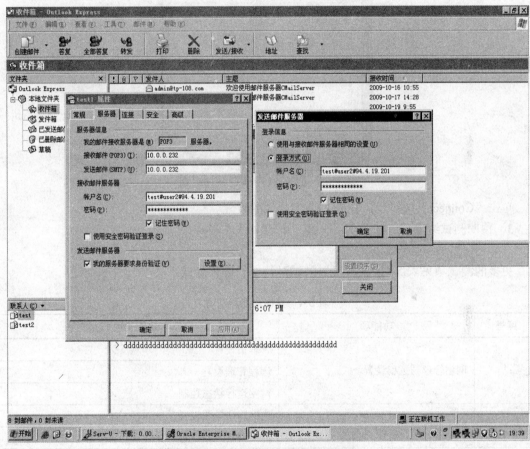

图 5-26　访问外网邮件服务器设置

完成以上配置后，就可以使用软件 Outlook 来接收和发送邮件了。

3）预期测试结果：发送和接收邮件成功。

（3）FTP 服务功能测试。

1）在内网管理机上登录网闸配置界面，把网闸配置文件包导入网闸，使配置生效（注：如果在功能 1 测试时已经导入过配置了，就可以跳过此步骤）。

2）内网主机使用 FTP 客户端软件访问设置认证框中输入：

● 用户名：网闸上的用户名#FTP 服务器的用户名#FTP 服务器 IP。

● 密码：网闸用户密码#FTP 服务器的用户密码。

其设置如图 5-27 所示。

图 5-27　FTP 客户端软件访问设置

单击"Connect"按钮后，完成 FTP 客户端的设置。

3）预期测试结果：连接成功，上传、下载文件成功。

（4）其他功能项测试。

更多的测试项见表 5-4，读者可以尝试对其一一进行测试。

表 5-4　其他功能测试项

序号	功能项	功能子项
1	网闸管理与远程设置	管理员设置
		远程管理设置
		网闸运行状态控制
2	网闸网络设置	内网网络参数设置
		外网网络参数设置
3	网络用户组与用户设置	用户组设置
4	用户设置	用户设置
		用户机解锁
5	网闸数据交换设置	内网到外网文件交换
		外网到内网文件交换
		共享文件同步

序号	功能项	功能子项
6	数据库服务设置	数据库同步设置（以 Oracle 为例）
		SQL Server 2000 数据库同步设置
		SQL Server 2005 数据库同步设置
		MySQL 数据库同步设置
7	网闸身份认证设置	定义文件交换时所需要的身份认证
		定义网页浏览所需要的身份认证
		白名单设置
8	双机热备与负载均衡	双机热备与负载均衡
9	网络映射和路由设置	网络映射和路由设置
10	网闸其他服务设置	网络入侵检测
		存储信息查询
		其他网络服务
		ICMP 检测
		网闸硬件信息
		日志存储设置
		时间日期设置
11	网闸上网用户管理	在线用户列表
		离线用户列表
		禁用用户列表
		登录失败用户列表
12	网闸升级服务设置	网闸配置生效设置
		网闸升级服务设置
		导入网闸配置文件
		导入网闸授权文件
		导出网闸配置文件
		程序版本号查询
		模块授权时间查询
13	液晶屏设置	液晶屏设置

5.5.2　任务 2：网闸系统规划

根据项目建设的要求，对网闸系统进行物理连接、接口和 IP 地址分配及网闸策略规划。

1. 接口规划

根据现有网络结构，对某市政府电子政务内、外网隔离项目的网闸系统的物理接口互连做如表 5-5 和表 5-6 所示的设计。

表 5-5　网闸系统物理连接表

本端设备名称	本端端口号	对端设备名称	互连线缆	对端端口号
TIPTOP-xx	内端机 ACT1	二层交换机	6 类双绞线	E1/0/1
	内端机 ACT2	二层交换机	6 类双绞线	E1/0/2
	外端机 ACT1	二层交换机	6 类双绞线	E1/0/1

表 5-6　接口和 IP 地址分配表

设备名称	端口	IP 地址	掩码	管理
TIPTOP-xx	内端机 ACT1	192.168.8.1	255.255.255.0	ssh/telnet /https
	内端机 ACT2	10.0.0.232	255.255.255.0	
	外端机 ACT1	94.4.19.12	255.255.255.0	

2. 路由规划

根据某市政府电子政务内外网隔离项目的情况，现对网闸系统做路由规划，如表 5-7 所示。

表 5-7　网闸系统路由表

设备	网络位置	目的网段	下一跳地址
TIPTOP-xx	内网端	10.0.0.160	0.0.0.0
		10.0.0.51	0.0.0.0
		94.4.19.12	94.4.19.201
	外网端	94.4.19.201	0.0.0.0
		10.0.0.160	10.0.0.232

注：目前环境因素不具备具体配置实施条件，整体配置在后期建设中规划，本阶段对设备进行加电处理。

5.5.3　任务 3：网闸系统实施

在项目实施过程中，根据如下时间序列进行项目实施，在项目实施之前，确保已经做好网闸系统。

1. 割接前准备

（1）确认当前某市政府电子政务内、外网隔离项目的网络运行正常。

（2）确认网闸系统状态正常。

（3）确认网闸系统配置。

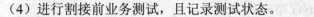
（4）进行割接前业务测试，且记录测试状态。

2．网络割接

割接步骤如下：

（1）晚上 23:00～23:59 进入机房做割接前策略配置检查和交换机测试。

（2）凌晨 0:00～0:30 割接开始。

（3）将相关线路接到网闸系统相关接口，如表 5-8 所示。

表 5-8　网闸系统接口对应表

本端设备名称	本端端口号	对端设备名称	对端设备型号	互连线缆	对端端口号
TIPTOP-xx	内端机 ACT1	二层交换机	H3C S3100-52TP-SI	6 类双绞线	E1/0/1
	外端机 ACT2	二层交换机	H3C S3100-52TP-SI	6 类双绞线	E1/0/1

3．测试

（1）测试终端 PC 到网闸系统的连通性（可 ping 网闸系统接口地址）。

（2）对预订好的业务进行测试，且对比照割接前网络状态，查看网络是否异常。

（3）进行网闸系统策略测试。

4．实施时间表

根据计划，整个项目实施过程将导致网络中断 30 分钟左右；整个项目实施耗时大概为 90 分钟，其中前 60 分钟工作可提前完成，如表 5-9 所示。

表 5-9　网闸系统实施时间表

步骤	动作	详细	业务中断时间（分钟）	耗时（分钟）
1	设备上架前检查	网闸系统加电检查； 网闸系统软件检查； 网闸系统配置检查	0	20
2	实施条件检查确认	网闸系统机架空间/挡板准备检查； 网线部署检查； 电源供应检查	0	10
3	设备上架	根据项目规划将设备上架； 接通电源，并确认设备正常启动完成	0	30
4	网闸系统上线	上线网闸系统	5	5
		网闸系统状态检查	10	10
		业务检查及测试	15	15

5．回退

如经测试发现割接未成功，则执行回退。回退步骤如下：

（1）拔出网闸系统上所接的所有线路。

（2）将汇聚交换机与内部交换机之间的线路进行连接。

（3）业务连接测试。

综合训练

一、填空题

1. 网络隔离技术的主要目标是隔离_____，以保障数据信息在可信网络内进行安全交互。

2. 一般的网络隔离技术都是以_____思想为策略，_____为基础，并定义_____来保障网络的安全强度。

3. 隔离常见的方式有_____、_____、_____。

4. 通用的网闸设计模型之一的内部处理单元，包括_____与_____。

5. 一种由带有多种控制功能专用硬件在电路上切断网络之间的链路层连接，并能够在网络间进行安全适度的应用数据交换的网络安全设备是_____。

二、单项选择题

1. 安全隔离网闸是实现两个相互业务隔离的网络之间的数据交换，通用的网闸模型设计一般分三个基本部分，不包括（　　）。

    A．内部处理单元   B．外部处理单元

    C．安全隔离卡   D．隔离与交换控制单元

2. 以下（　　）是网闸隔离控制的摆渡控制，控制交换通道的开启与关闭。

    A．内部处理单元   B．隔离与交换控制单元

    C．安全隔离卡   D．外部处理单元

3. 以下对防火墙与网闸的区别描述不正确的是（　　）。

    A．防火墙是访问控制类产品，它不能实现完全隔离，必须在网络互通的情况下进行访问控制

    B．隔离网闸是在网络断开的情况下，以非网络方式进行数据交换，实现信息的共享

    C．防火墙常用于保证网络层安全的边界安全（如 DMZ 区），而网闸主要保护内部网络的安全

    D．防火墙常用于保证内部网络的应用层安全，而网闸主要保护网络的边界安全（如 DMZ 区）

4. 在用户的网络需要保证高强度的安全，同时又与其他不信任网络进行信息交换的情况下，可在一定程度上防止内部信息泄露和外部病毒、黑客程序的渗入，以下（　　）安全产品

可以满足这些要求。

    A．防火墙   B．入侵检测系统

    C．防病毒网关   D．网闸

5．以下（　　）不属于网闸常用的部署模式。

    A．透明模式   B．路由模式

    C．网关模式   D．旁路模式

三、思考题

1．安全隔离网闸的工作原理是什么？

2．简述为什么要使用安全隔离网闸？

3．简述安全隔离网闸通常具备的安全功能模块有哪些。

4．简述安全隔离网闸与物理隔离卡的主要区别。

技能拓展

【背景描述】

    某市政府使用网闸的外网端连接电子政务办公网，办公网所在网段为 192.168.9.0/24，外网端的 IP 地址为 192.168.9.12/24；内网端连接涉密内网，涉密内网所在网段为 10.0.0.0/24，外网端的 IP 地址为 10.0.0.232/24。办公网通过网闸与涉密内网相接，网络拓扑结构如图 5-28 所示。

【实验拓扑】

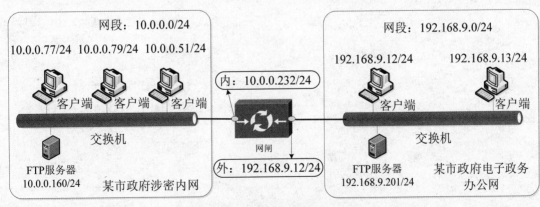

图 5-28　实验拓扑图

【需求描述】

（1）根据以上案例描述，办公网中允许一台终端（IP 地址为 192.168.9.12/24）能够访问涉密网中的 FTP 服务器（IP 地址为 10.0.0.160/24）的 21 端口的 TCP 应用服务。

（2）根据以上案例描述，涉密内网中允许一台终端（IP 地址为 10.0.0.77/24）能够访问办公网中的 FTP 服务器（IP 地址为 192.168.9.12/24）的 21 端口的 TCP 应用服务。

（3）根据上述情况，分析网闸在配置时可以采用的部署模式。

（4）按要求完成适合的部署模式和安全策略的配置。

6

防病毒网关调试与部署

知识目标

- 了解病毒的定义、分类、特征
- 理解防病毒的技术原理
- 掌握防病毒网关的架构和应用

技能目标

- 能够根据项目需求进行方案设计
- 能够对防病毒网关进行部署、配置
- 能够对防病毒网关进行安全策略应用与测试

项目引导

📖 项目背景

某 IT 上市公司主要经营计算机软件的研发与销售，公司总部位于广州软件园，总员工有400 多人，主要分为研发部、市场部、行政部。随着公司的发展及业务的扩大，各个用户、各个部门拥有自主储存、使用和传递共享的资源。因此，公司网络内部也必须对各种信息的储存、传递和使用进行严格的权限管理和访问。

在实际应用中，公司各类服务器经常遭受计算机病毒的困扰，严重时甚至导致各类服务器集体瘫痪，影响了公司的日常运作。信息安全专业厂商对公司网络进行了风险评估，结果表明，承担公司业务处理的 Web 服务器、FTP 服务器、数据库的安全级别较低，存在较大的安全隐患，特别容易感染病毒。该公司原有网络拓扑结构如图 6-1 所示。

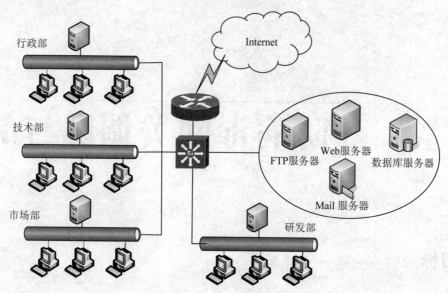

图 6-1　原有网络拓扑图

📖 需求分析

本项目是为了通过架构部署防毒墙来实时检查互联网流量，防止恶意和不必要的应用及 Web 内容进出网络，识别间谍软件、病毒、Rootkit 攻击、广告软件和木马等恶意内容，在网关处拦截下来，主动防御病毒于网络之外。以此加强网络边界安全，确保即使在大规模病毒爆发或网络威胁发生的时候，将 Web 威胁在网络边界处进行拦截。

传统的杀毒软件主要是基于操作系统的病毒清除，它的特点是当病毒已经进入了操作系统后再进行查杀，因此它的主动防御性较差，并且在安装部署中需要在网络中的每个客户端进行安装。相反，现在网络的攻击或病毒样式越来越多，基于协议的恶意网页和病毒开始对网络进行破坏，将影响到单位网络的正常信息化办公。

而防毒墙与软件版杀毒系统的区别在于，防毒墙是基于网络层的病毒过滤，阻断病毒体通过网络传输，在网关处过滤掉了病毒，让它不能够进入到网络中的主机或服务器，从而形成了具有主动防御功能，另外防毒墙在网关处建立了病毒防御体系后，还可以与桌面版的杀毒软件进行联动，建立多层次全方位的防御体系。

📖 方案设计

根据上市 IT 公司的网络安全防御需求，在公司网络的服务器区与交换机之间部署一台防毒墙，主要针对公司中 FTP 服务器、Web 服务器、数据库服务器等的防御（注：本项目中的设计方案是把防毒墙只部署在服务器与交换机之间，不要误解了防毒墙只作用于服务器，其实防毒墙是一种网关型的病毒防御设备，它的工作范围在 ISO 的 2～7 层），本方案之所以这样部署是根据实际案例的需求，特别针对服务器进行的病毒防御，可以对互联网协议中病毒到达服务器之前进行过滤；对进出网络的数据进行过滤，清除病毒和木马；支持 HTTP、HTTPS、FTP、SMTP、POP3 常用协议过滤恶意网页和 URL。本方案采用透明模式进行部署，根据访问需要，在防毒墙上配置相应应用服务的策略规则，如 HTTP、FTP、SMTP、POP3 等。病毒策略重点偏向于 Web 服务器的网站过滤和 FTP 服务器的文件上传/下载过滤。作为网络的管理者，可以根据实际的需求在邮件服务、恶意网站及 Web 应用防护策略上进行设置，以满足实际的网络防护需求。其具体的网络拓扑如图 6-2 所示。

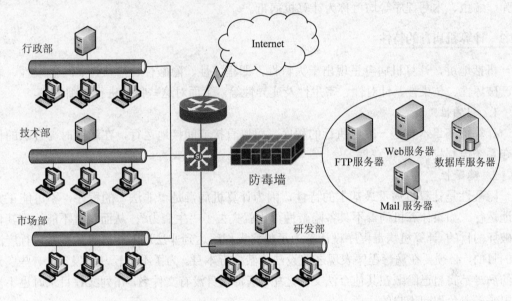

图 6-2　网络安全拓扑结构

相关知识

6.1　计算机病毒概述

　　计算机病毒伴随着计算机技术的发展而产生，随着计算机网络的普及和应用而广泛传播，计算机病毒种类繁多，类型各异，并随着抗病毒分析技术的发展而越来越复杂，计算机病毒已成为威胁计算机系统安全的最主要、最普遍的危害。了解和认识计算机病毒可有效地对抗计算机病毒，以减少计算机病毒造成的损失。

6.1.1　计算机病毒的定义

计算机病毒（Computer Virus）是指"为达到特殊目的而制作和传播的计算机代码或程序"，或者被称为"恶意代码"。1994年2月18日，我国正式颁布实施了《中华人民共和国计算机信息系统安全保护条例》，在该条例第二十八条中明确定义："计算机病毒，是指编制或者在计算机程序中插入的破坏计算机功能或者破坏数据，影响计算机使用并且能够自我复制的一组计算机指令或者程序代码"。

从广义上讲，凡是人为编制的，干扰计算机正常运行并造成计算机软硬件故障，甚至破坏计算机数据的可自我复制的计算机程序或指令集合都是计算机病毒。依据此定义，诸如逻辑炸弹、蠕虫、木马程序等均可称为计算机病毒。

6.1.2　计算机病毒的特性

概括地讲，计算机病毒呈现出十大特性，即程序性、隐蔽性、潜伏性、可触发性、表现性、破坏性、传染性、针对性、寄生性及变异性等。下面对这些特性进行详细描述。

1.　程序性

计算机病毒本身是一段可执行的程序，可以直接或间接地运行，在运行时与合法的程序争夺系统控制权。

2.　隐蔽性

隐蔽性是计算机病毒最基本的特性，因为计算机病毒是"非法"的程序，不可能正大光明地运行。如果计算机病毒不具备隐蔽性，也就失去了"生命力"，从而也就不能达到其传播和破坏的目的。计算机病毒程序设计者为了使病毒程序达到非法进入计算机系统并进行广泛传播的目的，必须要在病毒程序表现之前设法隐蔽病毒本身。为了不被轻易地发现，一些广为流传的病毒都将自己隐藏在其他合法文件之中。病毒本身没有文件名，在列文件目录时也不被显示出来，避免引起用户的注意。

不同类型病毒的隐藏方式也是多种多样的，如果不经过代码分析，病毒程序与正常程序是不容易区别开来的。正是由于具有隐蔽性，计算机病毒才得以在用户没有察觉的情况下扩散到上百万计算机中而造成严重危害。

3.　潜伏性

计算机病毒的潜伏性是指计算机病毒具有依附于其他媒体而寄生的能力。一个巧妙的计算机病毒可以隐藏在合法的文件中而不被发现。往往病毒的潜伏性越好，其传染范围就越大。

病毒程序侵入系统后，一般不立即活动，需要等待一段时间，待外部条件成熟时才起作用，这就是病毒程序的潜伏性。一个编制精巧的病毒程序，可以在几周、几个月甚至几年内进行传播和再生而不被发现。在此期间，系统可能不断地复制病毒程序，制成病毒的副本或变种并传送到磁盘的各个部位，使它们感染病毒。因此，病毒的传染性与潜伏性有很大的关系。病毒程序编制得越精巧，它的潜伏期越长，则该病毒传染性就越大。

4. 可触发性

计算机病毒一般都有一个或者几个触发条件。满足触发条件或者激活病毒的传染机制就会使之进行传染，或者激活病毒的表现部分或破坏部分。触发的实质是一种条件控制，病毒程序可以依据设计者的要求，在一定条件下实施攻击。这个条件可以是输入特定字符，使用特定文件、某个特定日期或特定时刻，或者病毒内置的计数器达到一定次数等。

5. 表现性

无论何种病毒，一旦侵入系统，都会对操作系统的运行造成不同程度的影响。即使不直接产生破坏作用，病毒程序也要占用系统资源。而绝大多数病毒程序都会显示一些文字或图像，影响系统的正常运行；还有一些病毒程序删除文件，加密磁盘中的数据，甚至摧毁整个系统和数据，使之无法恢复，从而造成无法挽回的损失。因此，病毒程序的副作用轻则降低系统的工作效率，重则导致系统崩溃、数据丢失。病毒程序的表现性或破坏性体现了病毒设计者的真正意图。

6. 破坏性

计算机病毒造成的最显著的后果是破坏计算机系统，使之无法正常工作或者删除用户保存的数据。无论是占用大量的系统资源导致计算机无法正常使用，还是破坏文件，甚至毁坏计算机硬件，都会影响用户正常使用计算机。

病毒根据其破坏性可分为良性病毒和恶性病毒。把没有恶意破坏性的病毒称为良性病毒，这些病毒不会直接对计算机系统进行破坏，而只是表现为在屏幕上出现一些图像或演奏一段音乐等，编写这类病毒者仅仅是因为好玩或显示其编程技巧，但这并不代表其没有危害性，它会因大量占用系统资源而使系统可能无法正常使用。除此之外的大多数病毒都是恶性病毒，病毒破坏程度的大小也直接决定了其"毒性"。病毒的破坏方式是多种多样的，有时修改系统文件，有时删除用户及系统文件，有时直接使系统瘫痪，甚至破坏计算机的硬件。

7. 传染性

传染是计算机病毒的重要特征，传染性是衡量一段程序是否是计算机病毒的首要条件。计算机病毒的传染性是其再生机制，病毒进入系统后会不断地传染其他程序。

一个计算机病毒能够主动地将自身的复制品或变种传染到系统中的其他程序上，也就是说，计算机病毒的传染性在于计算机病毒的强再生机制。病毒程序一旦进入系统，就与系统中的程序链接在一起，在运行这一被感染程序时，在系统中开始搜索能进行传染的其他程序，并把病毒自身或变种复制到其他程序上，从而达到再生的目的。经过不断地传染、再生，病毒的副本不断地增加，使该计算机病毒迅速地扩散到磁盘存储器和整个计算机网络。

8. 针对性

一种计算机病毒并不能感染所有的计算机系统或计算机程序。计算机病毒往往是针对某种系统或某类对象进行传染和攻击的。有的病毒是感染 Apple 公司的 Macintosh 机的，有的病毒则是感染 IBM PC 机的；有的感染 DOS 系统，而有的则感染 Windows 系统；有的感染磁盘引导区，有的则感染可执行文件等。

9. 寄生性

每一个计算机病毒程序都不能以独立的文件形式存在，它必须寄生在一个合法的程序之上，这个合法程序就是病毒程序生存的必要环境。这些合法程序包括：引导程序，如主引导程序，DOS 引导程序；系统可执行程序，如 IBM PC 中的 IBMBIO.COM 文件、IBMDOS.COM 文件及 COMMAND.COM 文件；一般应用文件，如扩展名为.COM 或.EXE 等的可执行应用文件。这些被病毒程序寄生的合法程序叫做该病毒的宿主程序或载体。一种病毒的寄生方式决定了其传染方式。

10. 变异性

计算机病毒在发展、演化过程中可以产生变种。有些病毒能够产生几十甚至上百种变种。病毒变异技术的发展是当前计算机病毒技术发展的一个主要特点，也是计算机病毒大量出现的一个重要原因。

6.1.3　计算机病毒的分类

计算机病毒的危害性不仅体现在其破坏性上，而且也充分体现在其日益增长的数量上。从第一个病毒问世以来，病毒的数量在不断增加。目前世界上出现的计算机病毒种类繁多，数量巨大，约有数万种，数量无以复计，所以对计算机病毒的归纳分类方法很多。

1. 按链接方式分类

（1）操作系统病毒。

操作系统病毒是常见的计算机病毒，具有很强的破坏力。操作系统类病毒一般在系统引导时就把病毒程序从磁盘上装入内存中，在系统运行时，不断捕捉 CPU 的控制权，进行计算机病毒的扩散。

（2）外壳病毒。

这类病毒常附在宿主程序的首尾，一般不对源程序进行修改。外壳程序较常见，大约有半数左右的计算机病毒采用这种方式来传播。外壳病毒容易编写，也易于检测，一般测试可执行文件的长度即可找到。

（3）源码病毒。

源码病毒在程序被编译之前插入到用 FORTRAN、PASCAL、C 或 COBOL 等语言编制的源程序中。源码病毒往往隐藏在大型程序中。这些病毒一旦插入到大型程序中，其破坏力和危害性是很大的。编写源码病毒程序的难度较大，受病毒程序感染的程序对象也有一定的限制。

（4）入侵病毒。

入侵病毒侵入到主程序中，并替代主程序中部分不常用到的功能模块或堆栈区。当入侵病毒进入到主程序后，不破坏主程序就难以除去病毒。入侵病毒难以编写。这类病毒一般是针对某些特定程序而编写的。

2. 按传染方式分类

（1）传染磁盘引导区的病毒。

每种病毒都有自身特定的寄生宿主。传染磁盘引导区的计算机病毒的寄生宿主就是 DOS 的磁盘引导程序。对于硬盘，有传染硬盘主引导程序的计算机病毒和传染硬盘 DOS 分区中的 BOOT 区引导程序。

（2）传染可执行文件的病毒。

这类病毒感染操作系统运行时所必需的文件，或一般可执行文件。如以.COM 或.EXE 为扩展名的可执行文件，或者扩展名为.OVL、.OVR、.SYS、.OBJ 等的可执行文件。病毒传染可执行文件后，将自身链接于被传染程序的头部或尾部。这类病毒的传染性很强。

3. 按寄生方式分类

（1）覆盖型寄生病毒。

覆盖型寄生病毒是指病毒程序用自身的程序代码，部分或全部覆盖在寄生的宿主上，使原宿主的部分功能或全部功能被破坏，如 512 病毒。

（2）代替型寄生病毒。

代替型寄生病毒是指病毒用自身程序代码代替原宿主程序代码，病毒程序能完成或简单完成原替代程序代码的主要功能，如感染硬盘主引导扇区的打印（Unprinting）病毒。

（3）链接型寄生病毒。

链接型寄生病毒指病毒程序附加到寄生的宿主程序上，并不破坏被寄生程序的代码。病毒程序可以寄生于宿主程序的开头、中间或尾部，通过特定的功能在其宿主程序执行时获得控制权。

（4）填充型寄生病毒。

填充型寄生病毒是指计算机病毒将自身的代码隐藏在寄生宿主内部未存有信息的空闲的存储单元中，如勒海（Lehigh）病毒。被这种病毒传染的文件长度不变。

（5）转储型寄生病毒。

转储型寄生病毒是指计算机病毒将其宿主程序部分或全部的代码转储到其他存储空间，而病毒本身侵占该病毒宿主程序原来的存储空间。

4. 按破坏意图分类

（1）良性病毒。

即所谓"恶作剧型病毒"。该类病毒一般不破坏系统和数据，但却能不断复制自己和快速地向外扩散，因而大量占用系统资源，严重时也会使系统瘫痪。

（2）恶性病毒。

有破坏目的的病毒。最常见的恶性病毒会破坏数据、删除文件或对硬盘格式化。这类病毒的破坏作用极其严重。

5. 根据传播途径分类

（1）单机病毒。

单机病毒的载体是磁盘、光盘和 U 盘等可移动存储介质，常见的是病毒从软盘、光盘、U盘等传入硬盘，感染操作系统及已安装的软件或程序，然后再通过存储介质的转移又传染其他系统。

（2）网络病毒。

网络病毒的传播媒介不再是移动式载体，而是网络数据通道。这种病毒的传染能力更强，破坏力更大，目前流行的计算机病毒大多是以网络传播为主。

6.2　防病毒技术

计算机病毒的防护技术主要包括病毒预防技术、病毒检测技术、病毒清除技术和病毒免疫技术等。

6.2.1　计算机病毒的预防技术

计算机病毒预防技术是指通过一定的技术手段防止计算机病毒对系统或文件进行传染和破坏，实际上它是一种行为规则的判定技术。也就是说，计算机病毒的预防是根据病毒程序的特征对病毒进行分类处理,而后在程序运行中，只要有类似的特征点出现则认定是计算机病毒。具体来说,计算机病毒的预防是通过阻止计算机病毒进入系统内存或阻止计算机病毒对磁盘的操作，尤其是写操作，以达到保护系统的目的。预防病毒技术包括磁盘引导区保护、加密可执行程序、读写控制技术、系统监控技术等。例如，大家所熟悉的防病毒卡，其主要功能是对磁盘提供写保护，监视在计算机和驱动器之间产生的信号。以及可能造成危害的写命令，并且判断磁盘当前所处的状态：哪一个磁盘将要进行写操作，是否正在进行写操作，磁盘是否处于写保护等，来确定病毒是否将要发作。计算机病毒的预防应用包括对已知病毒的预防和对未知病毒的预防两个部分。

计算机病毒预防主要有三种不同的技术：访问控制、完整性检查和行为阻断。

访问控制是操作系统内置的保护机制，例如虚拟内存划分为用户区和内核区，就是一种典型的访问控制形式。

对计算机文件做完整性检查是最好的通用病毒检测法。例如，手工启动型完整性检查工具可以用某种公共认可的算法（如 MD4、MD5 或简单的 CRC32）计算每个文件的校验和。手工启动型完整性扫描工具需要使用一个校验和数据库，该数据库要么是在受保护的系统中生成的，要么是一个远程在线数据库。完整性检查工具每次检查系统中是否出现了新的对象或者是否有任何对象的校验和发生了变化，都要用到该数据库。通过检测出新的或发生了变化的对象，显然最容易发现病毒感染及系统受到的其他侵害。

行为阻断是破坏病毒传染采用的系统调用接口进行监控，来达到阻止病毒传染的技术。例如，病毒打开一个文件进行写的操作，行为阻断技术会显示一个对话框，提示用户是否允许进行写文件操作。行为阻断技术对病毒的传染行为进行了有效的监控，并且在用户的配合下很好地抑制了病毒的传染。

6.2.2 计算机病毒的检测技术

如何最快发现计算机病毒是计算机病毒防护技术的重要内容。早发现，早处置，可以减少损失。

计算机病毒检测技术是指通过一定的技术手段判定出特定计算机病毒的一种技术。它有两种：一种是根据计算机病毒的关键字、特征程序段内容、病毒特征及传染方式、文件长度的变化，在特征分类的基础上建立的病毒检测技术；另一种是不针对具体病毒程序的自身校验技术，即对某个文件或数据段进行检验和计算，并保存其结果，以后定期或不定期地以保存的结果对该文件或数据段进行检验。若出现差异，即表示该文件或数据段完整性已遭到破坏，感染上了病毒，从而检测到病毒的存在。

目前广泛采用的病毒检测技术有特征值检测技术、行为监测技术、启发式代码分析技术、病毒实时监控技术等。

（1）特征值检测技术：病毒程序散布的位置不尽相同，但是计算机病毒程序一般都具有明显的特征代码。只要是同一种病毒，在任何一个被该病毒感染的文件或计算机中，总能找到这些特征代码。将各种已知病毒的特征代码串组成病毒特征代码数据库，这样可在通过各种工具软件检查、搜索可疑计算机系统（如文件、磁盘、内存等）时，用特征代码与数据库中的病毒特征代码逐一比较，即可确定被检计算机系统感染了何种病毒。

（2）行为监测技术：病毒不论伪装得如何巧妙，它总是存在着一些和正常程序不同的行为。比如病毒总是要不断复制自己，否则它无法传染。行为监测是指通过审查应用程序的操作来判断是否有恶意（病毒）倾向并向用户发出警告。这种技术能够有效防止病毒的传播，但也很容易将正常的升级程序、补丁程序误报为病毒。

（3）启发式代码分析技术：病毒和正常程序的区别可以体现在许多方面。一个正常的应用程序的最初指令是检查命令行输入有无参数项、清屏和保存原来屏幕显示等。而病毒程序则从来不会这样做，通常它最初的指令是直接写盘操作、解码指令或搜索某路径下的可执行程序等相关操作指令序列。这些显著的不同之处对于一个熟练的程序员来说，在调试状态下只需一瞥便可一目了然。启发式代码扫描技术实际上就是把这种经验和知识移植到一个查病毒软件中的具体程序来体现。

（4）病毒实时监控技术：病毒实时监控其实就是一个文件监视器，它会在文件做打开、关闭、清除及写入等操作时检查文件是否是病毒携带者，如果是，则根据用户的决定选择不同的处理方案，如清除病毒、禁止访问该文件、删除该文件或简单地忽略。这样就可以有效地避免病毒在本地机器上的感染传播，因为可执行文件装入器在装入一个文件执行时，首先会要求打开该文件，而这个请求又一定会被实时监控在第一时间截获到，它确保了每次执行的都是干净的不带毒的文件，从而不给病毒以任何执行和发作的机会。

6.2.3　计算机病毒的清除技术

计算机病毒的清除技术是计算机病毒检测技术发展的必然结果，是计算机病毒传染程序的一种逆过程。目前，清除病毒大多是在某种病毒出现后，通过对其进行分析研究而研制出来的具有相应解毒功能的软件。这类软件技术发展往往是被动的，带有滞后性。而且由于计算机软件所要求的精确性，解毒软件有其局限性，对有些变种病毒的清除无能为力。

在大多数情况下，利用反病毒软件自动清除病毒。因此，发现病毒后，清除病毒的一般方法和步骤如下：

（1）先升级杀毒软件病毒库至最新，进入安全模式全盘查杀。

（2）删除注册表中有关可以自动启动可疑程序的键值（可以重命名，以防误删，若删除，重命名后按 F5 键刷新，发现无法删除/重命名，则可肯定其是病毒启动键值）。

（3）若系统配置文件被更改，需先删除注册表中的键值，再更改系统配置文件。

（4）断开网络连接，重启系统，进入安全模式全盘杀毒。

（5）若 Windows Me/XP 系统查杀病毒在系统还原区，请关闭系统还原区再查杀。

（6）若查杀病毒在临时文件夹中，请清空临时文件夹再查杀。

（7）系统安全模式查杀无效，建议使用光盘引导系统查杀。

总之，清除病毒应首先保证内存干净，然后才能彻底清除其启动项及文件系统中的病毒体。删除注册表键值、修改系统启动配置文件、进入安全模式或 DOS，都能避免激活病毒，以便彻底查杀病毒。重启 Windows 时可直接切换到 DOS；Windows 2000/XP 可以利用系统安装光盘启动计算机。以"修复安装"的方式进入控制台。若第（2）步中重命名键值失败，进入 DOS 控制台之后，可以到相应目录重命名键值所指引的程序（建议不要删除，一是防误删；二是如果该程序真的是病毒，留着也可作进一步分析，重命名后系统不可能再次自动重新启动该病毒）。如果升级后的现有杀毒软件无法清除病毒，应向有关安全机构求助，也可尝试手工清除病毒。无论是利用反病毒软件自动清除病毒还是手工清除病毒，都是危险操作，都有可能出现不可预料的结果而彻底破坏被感染的文件。

随着计算机病毒的日益增多以及病毒变种泛滥，漏查漏杀病毒不可避免，而且被动处理是在计算机系统已经感染病毒后才进行的，病毒可能已对系统造成不可恢复的破坏，因此，最好的方法是勤备份。

6.2.4　计算机病毒的免疫技术

从实现计算机病毒免疫的角度看病毒的传染，可以将病毒的传染分成两种。第一种是在传染前先检查待传染的扇区或程序内是否含有病毒代码，如果没有找到则进行传染，如果找到了则不再进行传染，如小球病毒、CIH 病毒。这种用作判断是否为病毒自身的病毒代码称为感染标志或免疫标志。第二种是在传染时不判断是否存在感染标志（免疫标志），病毒只要找到一个可传染对象就进行一次传染，例如黑色星期五病毒。一个文件可能被黑色星期五反复感染多次，像滚雪球一样越滚越大。

计算机病毒的免疫技术目前还处于发展阶段。针对某一种病毒的免疫方法已经比较成熟了，但目前尚没有开发出实用的能对各种病毒都有免疫作用的技术。从本质上讲，对计算机系统而言，计算机预防技术是被动技术，外围的技术增加计算机系统的防范能力，而计算机免疫技术是主动的，是计算机系统本身的技术增加自己的防范能力。

目前常用的免疫方法有以下两种：

（1）针对某一种病毒进行的计算机病毒免疫。

这种计算机病毒的免疫方法是"一对一"的，即一个免疫程序只能预防一种计算机病毒。这种免疫程序有时候也称为计算机疫苗（Computer Vaccine）。这种方法的优点是可以有效地防止某一种特定病毒的传播。但缺点很严重，如对于不设置感染标识或病毒变种不再使用这个免疫标志时不起作用；不能阻止病毒的破坏行为等。

目前使用这种免疫方法的商品化反病毒软件已不多见，仅在某些破坏性极强的病毒高发时期被采用。

（2）基于自我完整性检查的计算机病毒免疫。

目前这种方法只能用于文件而不能用于引导扇区。这种方法的原理是，为可执行程序增加一个免疫外壳，同时在免疫外壳中记录有关用于恢复自身的信息。免疫外壳占 1～3kB。执行具有这种免疫功能的程序时，免疫外壳首先得到运行，检查自身的程序大小、校验和、生成日期和时间等情况。没有发现异常后，再转去执行受保护的程序。不论什么原因改变或破坏了这些程序本身的特性，免疫外壳都可以检查出来并发出告警。可供用户选择的回答有自毁、重新引导启动计算机、自我恢复到未受改变前的情况和继续操作而不理睬所发生的变化。这种免疫方法可以看作是一种通用的自我完整性检验方法。

目前，尚未开发出完美通用的计算机病毒免疫方法。通用计算机病毒免疫技术是目前反病毒领域的一个难题，也是一个研究热点。

6.3 防毒墙

6.3.1 防病毒产品的分类

在目前的计算机市场上有形形色色的防病毒产品，不同的防病毒产品有其特殊的功能，对防病毒产品有多种分类方法。

1．按使用对象分类

按使用对象分类，防病毒产品可分为单机版和网络版。单机版防病毒产品主要是面向单机防病毒服务的，也可对入网的单机提供防病毒服务，如瑞星、金山、诺顿的杀毒软件。网络版主要是面向网络防病毒服务的，如蓝盾、网神、卡巴斯基、瑞星的防毒墙等，由于网络防病毒的特殊性，单机版防病毒产品不可能替代网络版防病毒产品。

2. 按实现防病毒手段分类

按实现防病毒手段分类，防病毒产品可分为防病毒软件和防病毒卡。防病毒软件是目前比较流行的防病毒产品，具有预防、检测和消除等功能。防病毒卡主要是预防病毒的，其独特的作用机制对预防病毒有特殊作用。

3. 按功能分类

按功能分类，防病毒产品可分为检测类、消除类和预防类。目前防病毒产品的发展趋势是集成化，包括软件集成和软硬件集成。软件集成就是集预防、检测和消除病毒于一体的防病毒软件。软硬件集成就是集硬件预防病毒与软件检测、消除病毒于一体。集成化是防病毒技术发展的必然趋势。

6.3.2 防毒墙的概念

信息技术飞速发展，网络应用日益复杂和多元化，各种安全威胁也随之而来，病毒、蠕虫、木马、间谍软件、恶意攻击使得普通的网络安全防御无能为力。据权威机构统计，90%以上的企业都曾遭受过病毒的攻击。

防毒墙是一种网络设备，用以保护网络内（一般是局域网）进出数据的安全。主要体现在病毒杀除、关键字过滤（如色情、反动）、垃圾邮件阻止等功能，同时部分设备也具有一定防火墙（划分 VLAN）的功能。

对于企业网络，一个安全系统的首要任务就是阻止病毒通过电子邮件和附件入侵。当今的威胁已经不单单是一个病毒，经常伴有恶意程序、黑客攻击及垃圾邮件等多种威胁。网关作为企业网络连接到另一个网络的关口，就像是一扇大门，一旦大门敞开，企业的整个网络信息就会暴露无遗。从安全角度来看，对网关的防护得当，就能起到"一夫当关，万夫莫开"的作用；反之，病毒和恶意代码就会从网关进入企业内部网，为企业带来巨大损失。基于网关的重要性，企业纷纷开始部署防病毒网关，主要的功能就是阻挡病毒进入网络。

传统的防病毒软件基于主机进行查杀，由于主机数量众多、系统版本不同、应用软件差异等原因，因此存在着部署复杂、管理困难、病毒库升级不及时等问题，维护成本也很高；防毒墙部署在网络出口，不依赖于主机上的防病毒软件，能够实时查杀网络流量中的各种病毒。防病毒产品能够检测进出网络内部的数据，对 HTTP、FTP、SMTP、IMAP 四种协议的数据进行病毒扫描，一旦发现病毒，就会采取相应的手段进行隔离或查杀，在防护病毒方面起到了非常大的作用。

6.3.3 防毒墙特性

防毒墙的主要特性包括以下几个方面：

（1）强劲的恶意软件防护功能，Web 应用高效防护。

防毒墙采用虚拟并行系统检测技术，在对网络数据进行网络病毒等恶意软件扫描的同时，会实时同步传送数据。这一技术在系统中的应用，从根本上解决了以往对 Web 数据进行扫描操作时,普遍存在的性能瓶颈,在实际使用效果上远远超出了"存储－扫描－转发"的传统技术模式。由于采用了虚拟并行系统技术,在保证不放过任何一个可能的恶意软件同时,大大减少了网络应用的请求响应时间,改善了用户体验效果。用户在使用防毒墙对网络数据流量进行检测时,基本感觉不到数据扫描操作所带来的响应延迟,更不用担心错过精彩的网络实况播报。

(2)适应于复杂的核心网络。

防毒墙吸收了业界多年来在防火墙领域的设计经验和先进技术,支持众多网络协议和应用协议,如 IEEE 802.1Q VLAN、PPPoE、IEEE 802.1Q、Spanning tree 等协议,适用的范围更广泛,确保了用户网络的"无缝部署"、"无缝防护"、"无缝升级"。当防毒墙处于透明工作模式时,相当于一台二层交换机。这种特性使防毒墙有了极佳的环境适应能力,用户无须改变网络拓扑,就可以零操作、零配置地升级到更全面的网络安全解决方案,同时也降低了因新增网络设备而导致的部署、维护和管理开销。

(3)灵活的网络安全概念。

防毒墙应该基于先进的安全区段概念实施安全策略的定制和部署,将从接口层面的访问控制提升到安全区段概念。防毒墙从概念上继承了传统防火墙的网络安全区域概念,也实现了很多突破。它默认各个安全区段间的安全级别是一样的,相互间的安全需求差异交由用户定制,为安全策略的定制和部署提供了很大的灵活性,同时也避免了机械地将网络划分为 Internal、External 和 DMZ 的传统安全概念,能够完备、灵活地表达不同网络、网段间的安全需求。

(4)集中管理,全局控制。

防毒墙应该提供易操作的图形化管理系统,使用图形化管理系统可以对多台不同地域的防毒墙进行统一管理和配置,收集并审计分析多台防毒墙发送的日志信息,包括事件日志、配置日志、安全日志和负载日志,对多台防毒墙进行统一的固件升级、病毒库升级;实时监控多台防毒墙的运行状态和负载信息。

(5)细致入微的系统日志和审计功能。

防毒墙应该具备完善的网络访问日志记录和审计功能,网络管理员在定制安全策略时,可根据需要对网络行为、资源访问情况进行有选择地审计。当系统监测到有异常行为、病毒访问等事件时,将自动对其进行审计分析,以帮助管理员定制更完善的网络系统安全规则。

6.3.4　防毒墙相对杀毒软件的优势

杀毒软件提供在当前工作环境下的反病毒程序所需的一系列功能,包括实时文件系统扫描,按要求的文件系统检查,实时电子邮件的扫描,实时办公应用程序的保护,对恶意脚本的实时防卫,周期性地更新反病毒库,作为整个反病毒防卫程序的一部分进行工作,以及存储可疑对象和更改的对象副本。杀毒软件的使用已经非常广泛了,特别是在奇虎 360 等厂商免费向个人用户提供杀毒软件之后。然而,杀毒软件并不能替代防毒墙的功能,反之亦然。表 6-1 列举了两者的不同之处。

表 6-1 防毒墙与杀毒软件对比

防毒墙	杀毒软件
基于网络层过滤病毒	基于操作系统清除病毒
阻断病毒体网络传输	清除进入操作系统病毒
网关阻断病毒传输，主动防御病毒于网络之外	病毒对系统核心技术滥用，导致病毒清除困难
网关设备配置病毒过滤策略，方便、扼守咽喉	主动防御技术专业性强，普及困难
过滤出入网关的数据	管理安装杀毒软件终端
与杀毒软件联动建立多层次反病毒体系	病毒发展互联网化需要网关级反病毒技术配合

相对于杀毒软件，防毒墙具有以下优势：

（1）杀毒软件安装在主机原有的操作系统之上，因此操作系统本身的稳定性对杀毒软件的使用产生一定的影响；而防毒墙通常是基于专用的操作系统进行开发，其自身的安全性及稳定性更好，能更好地发挥其对整个网络进行病毒防护的作用。

（2）杀毒软件部署于各个终端主机上，虽然能够查杀病毒，但它并不能防止病毒从互联网进入局域网；防毒墙独立部署于网络的进出口处，能有效控制病毒进入局域网内对众多的主机造成破坏。

（3）越来越多的网络病毒开始利用操作系统的漏洞进行攻击和传播，如果不及时修补操作系统的漏洞，这些利用漏洞传播的病毒就可以轻松绕过杀毒软件而直接感染计算机，令杀毒软件的功效大大降低；防毒墙通常是使用安全性更好的专用内核，没有通用系统的漏洞，其系统功能经过简化更加专一，所以存在的漏洞也大大减少。

6.3.5 防毒墙和防火墙的区别

目前市场上对防毒墙的概念仍未达成共识。一般认为，防毒墙包括以病毒扫描为首要目的的代理服务器；以及需要与防火墙配合使用的专用防毒墙；而以防火墙功能为主，辅有部分防病毒过滤功能的产品，一般不认为是防毒墙。因为这种以防火墙功能为主的防火墙，不可能因为需要防病毒而改做专门的病毒墙，在经济上不划算；而且，使用防病毒功能后，防火墙的性能会遭受大幅度的削弱，也使这部分功能只适合在较小的网络范围内使用。

防毒墙与防火墙的最大区别在于，前者主要基于协议栈工作，或称工作在 OSI 的第七层；而后者基于 IP 栈工作，即 OSI 的第三层，表 6-2 列举了两者的主要区别。防火墙必须以管理所有的 TCP/IP 通信为己任，而防毒墙却是以重点加强某几种常用通信的安全性为目的。因此，对于用户而言，两种产品并不存在着互相取代的问题，防毒墙是对防火墙的重要补充，而防火墙是更为基本的安全设备。在实际应用中，防毒墙的作用在于对所监控的协议通信中所带文件中是否含有特定的病毒特征，防毒墙并不能像防火墙一样阻止攻击的发生，也不能防止蠕虫型病毒的侵扰，相反，防毒墙本身或所在的系统有可能成为网络入侵的目标，而这一切的保护必须由防火墙完成。

表 6-2 防毒墙与防火墙对比

防毒墙	防火墙
专注病毒过滤	专注访问控制
阻断病毒传输	控制非法授权访问
工作协议层：ISO 2～7 层	工作协议层：ISO 2～4 层
识别数据包 IP 并还原传输文件	识别数据包 IP
运用病毒分析技术处理病毒体	对比规则控制访问方向
具有防火墙访问控制功能模块	不具有病毒过滤功能

防毒墙和防火墙的共同之处是两者都是工作在网关。在小范围的网络中，与互联网联网的需求相对简单，一般就是 SMTP 和 HTTP 等少数几种协议，这时，防毒墙只要所基于的操作系统没有明显的漏洞，作用与防火墙基本相同。

无论是哪一种防毒墙，由于工作的 OSI 层次较高，因此，过滤速度比较低，或者高速度的成本较高。但即便是高带宽的防毒墙，对于网络通信所造成的延时也是比一般防火墙大得多。因此，防毒墙在大型网关节点的布署是一个值得管理员慎重对待的问题。所以，把防毒墙布置在第二防火墙，即部门网关这一层较为合理。

正因为这个原因，如果防火墙与防毒墙集成在一起，就会形成一个相对尴尬的局面：要么防火墙只能用在小型网段，要么就是大材小用，或者干脆就不用。

6.4 系统部署

在部署防毒墙之前，需要对现有网络结构以及网络应用作详细的了解，然后根据网络业务系统的实际需求制定防毒墙策略，以便能对内部网络的上网行为进行防毒和控制。那么如何更好地使用防毒墙，配置比较实用而又合适的防毒墙策略呢？首先要进行网络拓扑结构的分析，确定防毒墙的部署方式及部署位置；其次，配置网络设置；最后，根据实际的应用和安全的要求，配置相应应用服务策略，如 Web、FTP。

防毒墙通常有两种工作模式：路由模式和透明模式。两种工作模式各有其优、缺点，如表 6-3 所示。

表 6-3 防毒墙工作模式

工作模式	优点	缺点
路由模式	提供路由器功能，减少投入成本	需要改变现有网络结构，有可能会对现有的业务系统造成影响
桥接模式	不需要过多更改现有网络结构，不会过多影响业务系统运行	不提供路由功能，不适合部署在不同子网环境

6
Chapter

6.4.1 路由模式

尽管防毒墙的操作可以作为连接多个子网的静态路由器，此时相当于一台路由器，但并不支持动态路由。适合不同子网的网络环境，如图 6-3 所示。

6.4.2 透明模式

防毒墙系统工作在透明模式时，类似于一台网络第二层网桥设备。数据包可在接口接收并进行快速检查以确定应用类型，无须对数据包头中所包含的以太网、IP 及 TCP 寻址以及端口信息进行修改。由于该网关主要集中检查 Web、FTP 和电子邮件流量，因此 VoIP 和数据库应用等所有其他应用类型都可无干扰地在接口间转换。

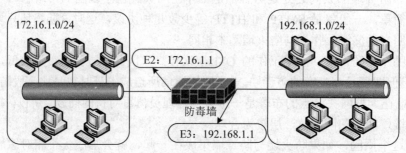

图 6-3　路由模式

对透明模式部署的支持使得蓝盾防毒墙可无缝接入现有网络中。它部署简单，无须重新设计网络的 IP 架构。此外，由于该网关可与状态检查防火墙互操作，因此可轻松地在网关处集成预防恶意软件安全功能，而不必整个替换现有防火墙。

蓝盾防毒墙在检查 Web 和电子邮件流量时充分利用了 RapidRx 核心 ASIC 技术，依据其威胁数据库来快速扫描 Web 下载内容和电子邮件消息。该网关具有高性能扫描引擎，可快速检查 Web 浏览和电子邮件流量中的恶意软件内容，同时还不会对终端用户造成明显延迟。由于透明模式易于部署，因此它最有可能成为第一选择，如图 6-4 所示。

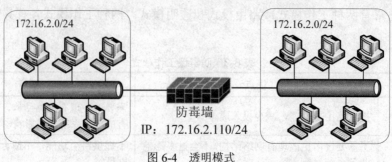

图 6-4　透明模式

6.5　项目实训

根据本章开头所述具体项目的需求分析与整体设计开展项目实训，网络拓扑图如图 6-5 所示。

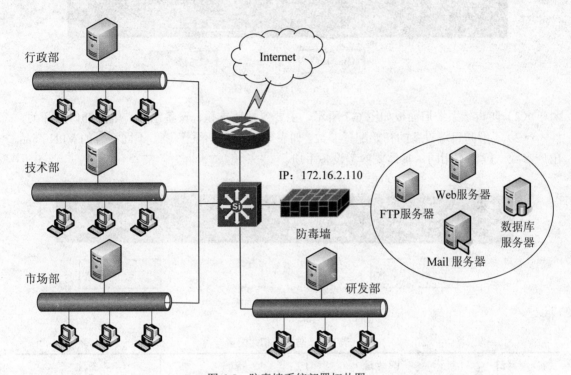

图 6-5　防毒墙系统部署拓扑图

在交换机和服务器区之间部署一台防毒墙设备。

该设备的 ETH2 口和 ETH3 口分别连接服务器和交换机，实现对服务器的上传和下载数据进行病毒过滤。根据访问需要，在防毒墙上配置相应应用服务的策略规则（如 HTTP、FTP 等协议策略）。

6.5.1　任务 1：认识防毒墙设备并进行基本配置

本章的实训项目采用蓝盾防毒墙进行实践操作，通过对该设备的配置，达到前面所述的需求分析和方案设计。各厂商的产品基本操作大同小异，各位读者要能够举一反三，触类旁通，从中学习防毒墙产品的一般配置方法，为以后工作中配置同类产品打下基础。

下面以防毒墙初步认识→防毒墙初始化配置→部署方式配置→应用服务策略配置的步骤进行学习。

1. 了解防毒墙系统硬件

（1）防毒墙系统前面板的结构如图 6-6 所示。其主要包括网络接口、Console 口、USB 接口和状态指示灯。

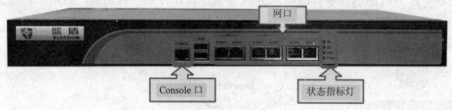

图 6-6　防毒墙前面板

（2）防毒墙系统后面板如图 6-7 所示，主要包括散热孔、设备铭牌、电源插口及开关。

（3）了解防毒墙设备的初始配置参数，如表 6-4 所示。不同厂商、不同型号的 VPN 产品，出厂参数一般都不相同，具体要参考设备手册。

图 6-7　防毒墙后面板

表 6-4　防毒墙初始配置

网口	IP 地址	掩码	备注
ETH0	无	无	可配置口
ETH1	无	无	可配置口
ETH2	无	无	可配置口
LAN4	无	无	可配置口
VLAN1	192.168.20.200	255.255.255.0	管理配置

默认情况下，所有物理网络接口的默认配置为透明模式，均属于 VLAN1（IP 地址为 192.168.20.200）。因此，访问防毒墙无须分配初始 IP 地址。首次连接蓝盾防毒墙时，推荐通过 ETH0 经由 vlan1 来访问。通过在 IE 浏览器中输入 https://192.168.20.200 登录防毒墙，输入默认的管理员用户名、密码分别为 administrator 和 password。

2. 利用浏览器登录防毒墙管理界面

（1）将 PC 与防毒墙的 LAN1 网口连接起来，当需要连接内部子网或外线连接时，也只需要将线路连接在对应网口上，只是要根据具体情况进行 IP 地址设置。

（2）客户端 IP 设置，这里以 Windows XP 系统为例进行配置。打开网络连接，设置本地连接 IP 地址。这里的 IP 地址设置的是 192.168.20.100，这是因为所连 VLAN1 的 IP 是 192.168.20.200，IP 必须设置在相同地址段上。

（3）单击"开始"→"运行"命令，输入 CMD，打开命令行窗口，输入 ping 192.168.20.200 命令测试防毒墙和管理 PC 间是否能互通。

（4）连通之后，打开 IE 浏览器，输入管理地址 https://192.168.20.200，进入欢迎界面。因为是通过 HTTPS 访问，会出现安全证书提示。单击"是"按钮，出现登录页面，如图 6-8 所示。

图 6-8　防毒墙登录界面

（5）在防毒墙的欢迎界面输入用户名和密码，默认用户名和密码分别为 administrator 和 password，单击"登录"按钮进入防毒墙管理系统，如图 6-9 所示。

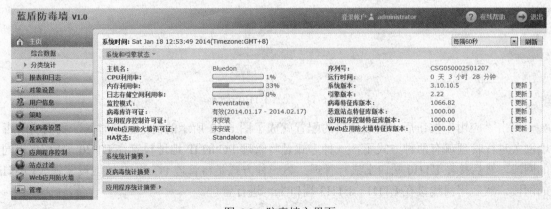

图 6-9　防毒墙主界面

3. 初始配置

按照下列步骤进行防毒墙的初始配置。

（1）配置管理 IP 地址。

选择菜单"管理"→"网络配置"→"网络接口"命令，选择"VLAN1"，然后单击"编辑"按钮，给管理接口 VLAN1 分配 IP 地址 172.16.2.110/24，如图 6-10 所示。

注意：由于我们是通过 VLAN1 口来访问防毒墙设备的，初始的 IP 是 192.168.20.200，现在我们把它改成了 172.16.2.110，单击"应用"按钮之后，管理 PC 与防毒墙的连接会断开。以后就只能将管理 PC 的 IP 地址设置为 172.16.2.X 来访问防毒墙进行管理了。

管理 > 网络配置 > 网络接口

vlan1

IP地址/子网掩码 172.16.2.110   255.255.255.0

应用   取消

图 6-10   配置管理接口

管理员习惯上会对一个网络接口（如 ETH0 口）配置 IP 地址，以便用于备用管理，如图 6-11 所示。

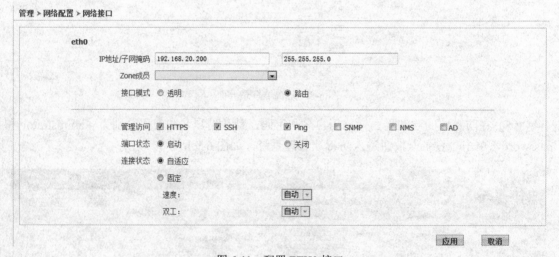

管理 > 网络配置 > 网络接口

eth0

IP地址/子网掩码 192.168.20.200   255.255.255.0

Zone成员

接口模式 ○ 透明   ● 路由

管理访问 ☑ HTTPS   ☑ SSH   ☑ Ping   ☐ SNMP   ☐ NMS   ☐ AD

端口状态 ● 启动   ○ 关闭

连接状态 ● 自适应

○ 固定

速度：   自动 ▾

双工：   自动 ▾

应用   取消

图 6-11   配置 ETH0 接口

单击"应用"按钮后，网络接口的配置就成了图 6-12 所示的情形，这时候，我们对防毒墙网关进行管理就有两种方式了：一种方式是将管理 PC 的 IP 地址设置在 ETH0 端口 IP 相同的网段，然后接在 ETH0 端口上进行管理；另一种方式是将管理 PC 的 IP 地址设置在 VLAN1 的网段，然后用网线接在 ETH1～ETH3 端口上，进行管理。

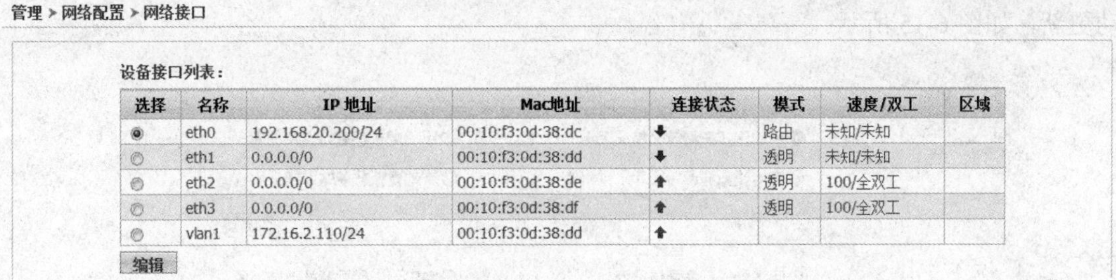

管理 > 网络配置 > 网络接口

设备接口列表：

选择	名称	IP 地址	Mac地址	连接状态	模式	速度/双工	区域
⦿	eth0	192.168.20.200/24	00:10:f3:0d:38:dc	↓	路由	未知/未知	
○	eth1	0.0.0.0/0	00:10:f3:0d:38:dd	↓	透明	未知/未知	
○	eth2	0.0.0.0/0	00:10:f3:0d:38:de	↑	透明	100/全双工	
○	eth3	0.0.0.0/0	00:10:f3:0d:38:df	↑	透明	100/全双工	
○	vlan1	172.16.2.110/24	00:10:f3:0d:38:dd	↑			

编辑

图 6-12 网络接口列表

（2）配置默认网关。

选择菜单"管理"→"网络设置"→"路由表"命令，单击"添加"按钮来配置默认网关，这里设置的网关 IP（172.16.2.254）是与防毒墙透明相连的路由器的端口 IP，如图 6-13 所示。

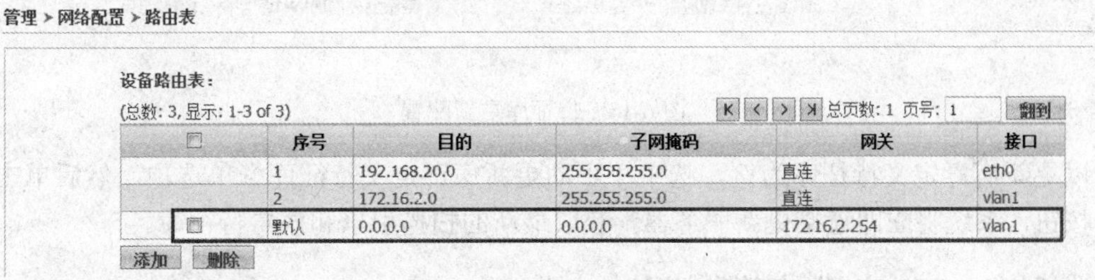

管理 > 网络配置 > 路由表

设备路由表：
（总数：3，显示：1-3 of 3） |◀ ◀ ▶ ▶| 总页数：1 页号：1   翻到

☐	序号	目的	子网掩码	网关	接口
	1	192.168.20.0	255.255.255.0	直连	eth0
	2	172.16.2.0	255.255.255.0	直连	vlan1
☐	默认	0.0.0.0	0.0.0.0	172.16.2.254	vlan1

添加 删除

图 6-13 路由表配置

（3）配置 DNS 服务器。

选择菜单"管理"→"系统设置"→"主机"命令，配置 DNS 服务器，界面如图 6-14 所示。

☐ 启用NTP服务

　　　　　　　　服务器名称 north-america.pool.ntp.org 默认配置
　　　　　　　自动同步时间间隔 60 　　　　　　　（12-180 分钟）

　　　　　　　　首选DNS服务器 202.96.128.86
　　　　　　　　备选DNS服务器

　　　　　　　　　　　　　　　　　　　　　　　　　应用　　　　取消

图 6-14 配置 DNS

如果网关部署在 IEEE 802.1Q VLAN 干线上，则管理员必须将网关的相应接口也配置为 Trunk 口。

（4）手动更新特征库。

即便配置了自动更新功能，仍可手动更新相应的特征库。选择菜单"管理"→"系统维护"→"特征库"命令。在"更新"区域下设置手动更新参数，然后单击"应用"按钮完成手动更新，如图 6-15 所示。

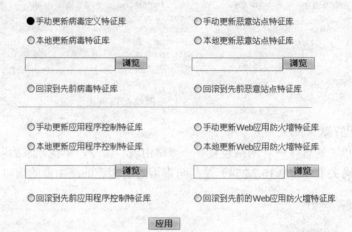

图 6-15　特征库更新配置

以更新病毒定义特征库为例，选中"手动更新病毒定义特征库"单选项，然后单击"应用"按钮，系统将立即连接更新服务器，获取最新的扫描引擎和病毒特征库。

6.5.2　任务 2：Web 应用服务策略配置

（1）将防毒墙按照防毒墙部署拓扑（见图 6-5）接入网络，当前内部网络现有一台服务器的 IP 地址设置为 172.16.2.153/24，网关地址为 172.16.2.254，并安装网络文件服务器软件 HFS（需要带有上传、下载、发布功能的网站即可，这里以软件为例），该服务器的访问网址为 http://172.16.2.153:8080，如图 6-16 所示。

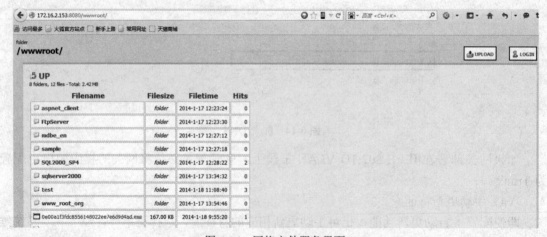

图 6-16　网络文件服务界面

（2）服务器配置完成，开始配置防毒墙的 Web 应用服务策略。选择防毒墙系统的"反病毒设置"→"Web 服务"→"配置"命令，如图 6-17 所示。

图 6-17　Web 应用服务配置

（3）单击"default-security-profile"便能编辑该策略规则。勾选"启用病毒扫描"、"启用文件下载过滤"和"启用文件上传过滤"复选框。接着可根据实际文件的大小、网站过滤等信息进行相应配置，最后单击"应用"按钮即可，如图 6-18 所示。

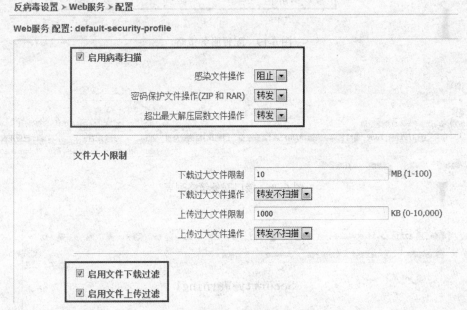

图 6-18　配置 Web 应用服务策略

（4）在防毒墙系统的"策略"→"服务策略"中，接口选择 ETH3 口（接交换机），安全配置选择之前配置的 Web 应用服务策略，然后勾选"HTTP"复选框，"端口"填写 8080，如图 6-19 所示。

单击"应用"按钮后，结果如图 6-20 所示。

（5）测试防毒墙的 Web 应用服务上传和下载功能（这里以上传为例）。访问已配置结束的服务器（IP：172.16.2.153），上传一些有病毒文件，将出现如图 6-21 所示的"安全警告"页面，表示该病毒文件被阻止了。

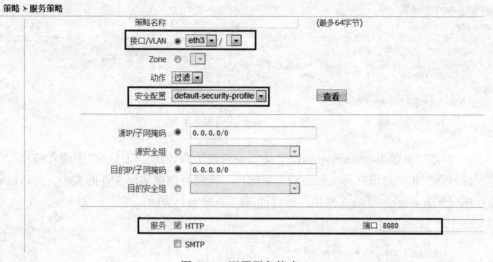

图 6-19　配置服务策略

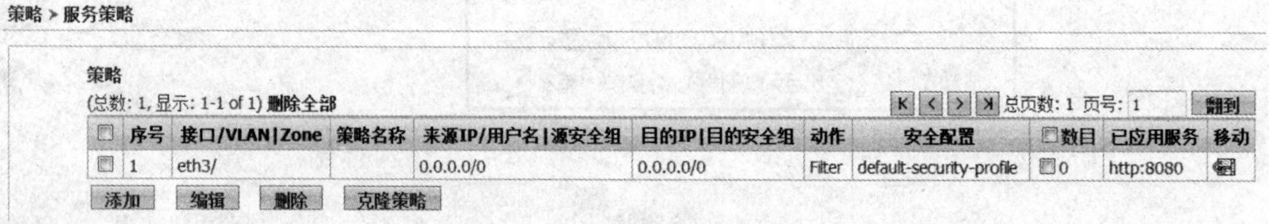

图 6-20　接口服务策略列表

图 6-21　安全警告

在防毒墙系统的"报表和日志"→"日志"→"恶意软件活动"→"HTTP 协议"中，可以查看到刚才禁止上传病毒文件的日志信息，如图 6-22 所示。

图 6-22　查看日志信息

6.5.3　任务 3：FTP 应用服务策略配置

（1）在当前内部网络的服务器（IP：172.16.2.153/24）上安装 FTP 服务器，当服务器配置完成后，就开始配置防毒墙的 FTP 应用服务策略。防毒墙系统的"反病毒设置"→"FTP 服务"→"配置"页面如图 6-23 所示。

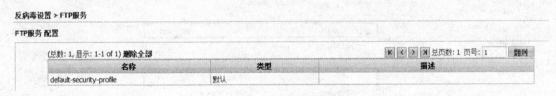

图 6-23　FTP 服务配置

（2）单击"default-security-profile"，编辑该策略规则。勾选"启用病毒扫描"、"启用 FTP 下载扫描"和"启用 FTP 上传扫描"复选框。接着可根据实际文件的大小、网站过滤等信息进行相应配置，最后单击"应用"按钮即可，如图 6-24 所示。

（3）在防毒墙系统的"策略"→"服务策略"中，接口选择 ETH3 口（接交换机），安全配置选择之前配置的 FTP 应用服务策略，然后勾选"FTP"复选框，"端口"填写 21，如图 6-25 所示。

（4）单击"应用"按钮后，可查看到刚添加的服务策略，如图 6-26 所示。

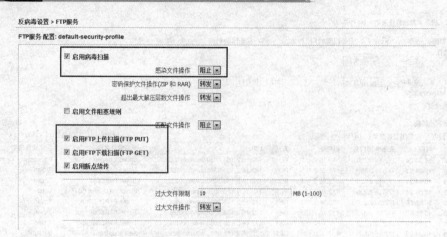

图 6-24　修改 FTP 服务配置

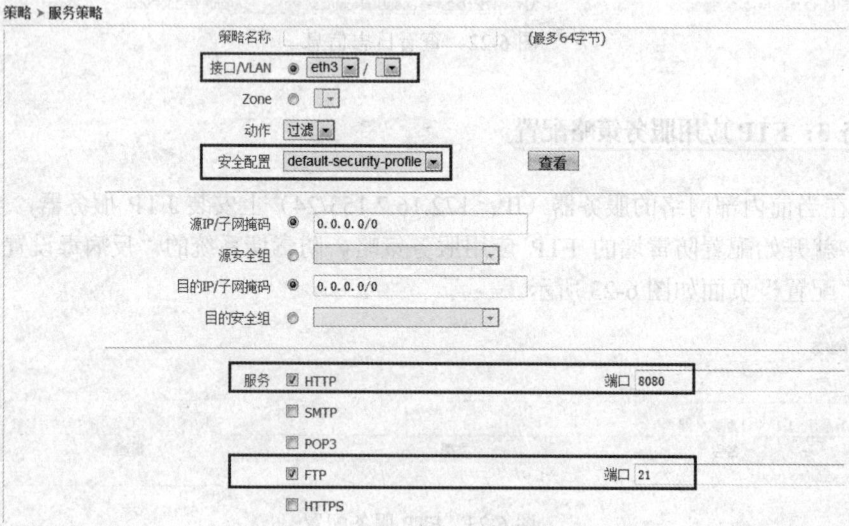

图 6-25　配置接口服务策略

图 6-26　服务策略列表

（5）测试防毒墙的 FTP 应用服务上传和下载功能（这里以下载为例）。访问已配置完的服务器（IP：172.16.2.153），下载一些有病毒文件，如图 6-27 所示。

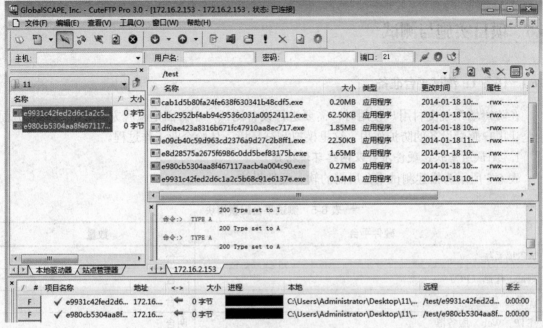

图 6-27　FTP 下载病毒文件

从图 6-27 中可看出 FTP 下载的文件都是 0 字节文件，说明病毒文件被阻止了。

（6）在防毒墙系统的"报表和日志"→"日志"→"恶意软件活动"→"FTP 协议"中，可以查看刚才阻止 FTP 病毒文件的日志记录，如图 6-28 所示。

图 6-28　FTP 应用服务日志

6.6 项目实施与测试

6.6.1 任务1：测试平台准备

在防毒墙系统交付用户使用时，需要进行设备测试，一方面是检验方案设计，另一方面也是让用户感受设备的防护作用。这里模拟测试环境，体验企业工作过程。

1. 测试所需软、硬件准备及网络环境搭建

表 6-5 所示为搭建测试平台所需的软、硬件设施。

表6-5 测试平台配置模块

硬件平台	数量
防毒墙系统	一台
测试工作站（PC）	一台
管理机（PC）	一台
（FTP、Web）服务器	两台
路由器	一台
交换机	一台
网线	若干条
软件平台	数量
Windows 2003 Server 中文版（SP2）	一套
Windows XP Professional 中文版	一套
病毒样本	一套
测试工具模块	数量
网络文件服务器软件 HFS	一套
IE 浏览器	一套

为了能全面地测试防毒墙系统的接口标准及其提供的相关功能，并确保测试的过程、环境及结论的真实性和可信性，搭建仿真的网络环境，其网络拓扑结构如图 6-29 所示。注意图中 IP 地址的设置。

2. 防毒墙系统设置

默认情况下，所有物理网络接口的默认配置为透明模式，均属于 VLAN1（IP 地址为192.168.20.200）。因此，访问防毒墙无须分配初始 IP 地址。首次连接蓝盾防毒墙时，推荐通过 ETH0 经由 VLAN1 来访问防毒墙。通过在 IE 浏览器中输入 https://192.168.20.200 登录防毒墙，输入默认的管理员用户名和密码分别为 administrator 和 password。登录防毒墙系统管理界面。

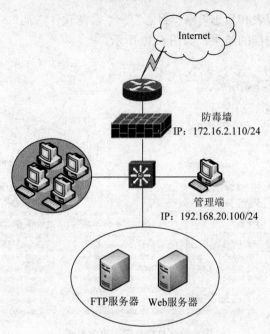

图 6-29   防毒墙系统测试环境拓扑

3．功能测试

（1）反病毒功能测试。

1）HTTP 协议病毒扫描测试，按照表 6-6 所示的测试单进行测试。

表 6-6   HTTP 协议病毒扫描测试单

测试编号	01-01
测试项目	反病毒功能：HTTP 协议
测试目的	测试被测设备的反病毒功能：HTTP 协议
测试组网	防毒墙系统测试环境拓扑
预置条件	（1）配置接口 IP； （2）PC2 上使用网络文件服务器软件 HFS 安装 HTTP 服务器，PC1 上作为 HTTP 客户端
测试步骤	（1）按照拓扑图建立测试环境； （2）开启 AV 功能，配置 AV 策略，检测到病毒后响应方式为阻断，最后在域间引用 AV 策略； （3）HTTP 客户端通过浏览器访问 HTTP 服务器，上传和下载病毒文件； （4）修改 AV 策略，设置检测到病毒后响应方式为告警，再执行步骤（3）
预期结果	（1）步骤（3）中下载病毒文件失败，浏览器上出现病毒警告页面，且设备打印病毒告警日志； （2）步骤（4）中成功下载病毒文件，设备打印病毒告警日志
测试结果	□通过　　　□部分通过　　□ 未通过　　　□ 未测试
备　　注	

在防毒墙系统的"报表和日志"→"日志"→"恶意软件活动"→"HTTP 协议"中，可以查看 HTTP 协议病毒扫描的结果，如图 6-30 所示。

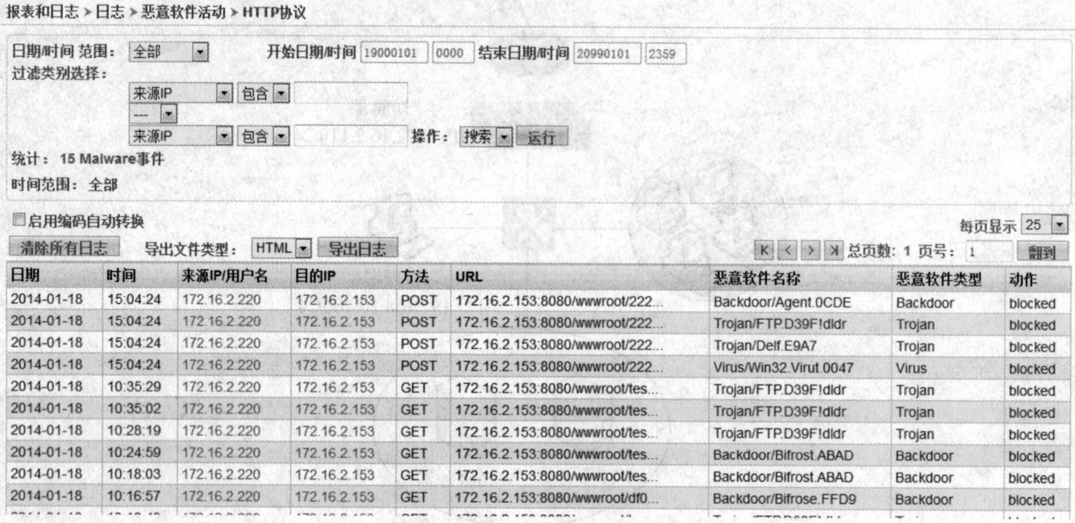

图 6-30　HTTP 应用服务日志

2）FTP 协议病毒扫描测试，按照表 6-7 所示的测试单进行测试。

表 6-7　FTP 协议病毒扫描测试单

测试编号	01-02
测试项目	反病毒功能：FTP 协议
测试目的	测试被测设备的反病毒功能：FTP 协议
测试组网	防毒墙系统测试环境拓扑
预置条件	（1）配置接口 IP； （2）PC2 使用网络文件服务器软件 HFS 建立 FTP 服务器，PC1 做 FTP 客户端；
测试步骤	（1）按照拓扑图建立测试环境； （2）未配置策略； （3）PC1 通过 FTP 客户端，从 PC2 上传和下载病毒文件； （4）得到预期结果 1； （5）配置 AV 策略； （6）PC1 通过 FTP 客户端，从 PC2 上传和下载病毒文件； （7）得到预期结果 2
预期结果	（1）可正常下载，设备无相关日志； （2）下载被阻断，设备产生相应日志
测试结果	□通过　　　□部分通过　　□未通过　　□未测试
备　　注	

防毒墙系统的"报表和日志"→"日志"→"恶意软件活动"→"FTP 协议"页面如图 6-31 所示。

图 6-31   FTP 应用服务日志

（2）其他功能项测试见表 6-8。

表 6-8   其他功能测试项

序号	功能项	功能子项
1	反病毒功能	HTTPS 协议病毒
		HTTP 协议病毒
		恶意站点
		FTP 协议病毒
		POP3 协议病毒
		SMTP 协议病毒
2	关键字	关键字过滤
3	站点过滤	HTTP Google 安全浏览
4	应用程序	应用连接监控
		流量统计
5	Web 应用防火墙	Web 应用防火墙
6	日志	恶意软件活动
		恶意软件统计
		站点过滤
		Web 应用防火墙

续表

序号	功能项	功能子项
		事件日志
		正常邮件
		应用程序
		管理
7	带宽管理	带宽接口
		带宽对象
8	管理	系统设置
		网络配置
		系统维护
		访问管理

6.6.2　任务2：防毒墙系统规划

根据项目建设的要求，对防毒墙系统进行物理连接、接口和IP地址分配及防毒墙策略规划。

1. 接口规划

根据现有网络结构，对该项目的防毒墙系统物理接口互联做如表6-9和表6-10所示的规划。

表6-9　防毒墙系统物理连接表

本端设备名称	本端端口号	对端设备名称	互连线缆	对端端口号
AVW-xx	ETH3	路由器	6类双绞线	E1/0/1
	ETH2	三层交换机	6类双绞线	E1/0/1

表6-10　接口和IP地址分配表

设备名称	端口	IP地址	掩码	管理
AVW-xx	ETH0	192.168.20.200	255.255.255.0	SSH/TELNET /HTTPS
	ETH2			
	ETH3			
	VLAN1	172.16.2.110	255.255.255.0	

注：目前环境因素不具备具体配置实施条件，整体配置在后期建设中规划，本阶段对设备进行加电处理。

2．路由规划

根据该 IT 上市公司网络的具体情况，现对防毒墙系统路由规划，如表 6-11 所示。

表 6-11   防毒墙系统路由表

设备	目的网段	下一跳地址
AVW-xx	192.168.2.100	0.0.0.0
	172.16.2.153（服务器 IP）	0.0.0.0

注：目前环境因素不具备具体配置实施条件，整体配置在后期建设中规划，本阶段对设备进行加电处理。

6.6.3   任务 3：防毒墙系统实施

在项目实施过程中，根据如下时间序列进行项目实施，在项目实施之前，确保已经做好防毒墙系统。

1．割接前准备

（1）确认当前某 IT 上市公司项目的网络运行正常。

（2）确认防毒墙系统状态正常。

（3）确认防毒墙系统配置。

（4）进行割接前业务测试，且记录测试状态。

2．网络割接步骤

（1）晚上 23:00～23:59 进入机房做割接前策略配置检查和交换机测试。

（2）凌晨 0:00～0:30 割接开始。

（3）将相关线路接到防毒墙系统相关接口，如表 6-12 所示。

表 6-12   防毒墙系统接口对应表

本端设备名称	本端端口号	对端设备名称	对端设备型号	互连线缆	对端端口号
AVW-xx	ETH3	路由器	H3C-ER8300	6 类双绞线	E1/0/1
	ETH2	三层交换机	H3C-S3600	6 类双绞线	E1/0/1

3．测试

（1）测试终端 PC 到防毒墙系统的连通性（可 ping 防毒墙系统接口地址）。

（2）对预订好的业务进行测试，且对比照割接前网络状态，查看是否网络异常。

（3）进行防毒墙系统策略测试。

4．实施时间表

根据计划，整个项目实施过程将导致网络中断 30 分钟左右；整个项目实施耗时大概为 90 分钟，其中前 60 分钟工作可提前完成，如表 6-13 所示。

表6-13　防毒墙系统实施时间表

步骤	动作	详细	业务中断时间（分钟）	耗时（分钟）
1	设备上架前检查	防毒墙系统加电检查 防毒墙系统软件检查 防毒墙系统配置检查	0	20
2	实施条件检查确认	防毒墙系统机架空间/挡板准备检查 网线部署检查 电源供应检查	0	10
3	设备上架	根据项目规划将设备上架 接通电源，并确认设备正常启动完成	0	30
4	防毒墙系统上线	上线防毒墙系统	5	5
		防毒墙系统状态检查	10	10
		业务检查及测试	15	15

5. 回退

如经测试发现割接未成功，则执行回退。回退步骤如下：

（1）拔出防毒墙系统上所接所有线路。

（2）将汇聚交换机与内部交换机之间线路进行连接。

（3）业务连接测试。

综合训练

一、填空题

1. 计算机病毒按寄生方式和感染途径可分为引导型病毒、_____和_____。

2. 文件型病毒分可为_____、_____和_____。

3. 按计算机病毒的表现（破坏）情况分类可分为_____和_____。

4. 按计算机病毒的传播媒介可分为_____和_____。

5. 计算机病毒的基本特征为_____、_____、_____、_____、可触发性、破坏性、衍生性、不可预见性。其中，_____是计算机病毒最基本的特征。

二、单项选择题

1. 通常所说的"计算机病毒"是指（　　）。

    A．细菌感染   B．生物病毒感染

    C．被损坏的程序   D．特制的具有破坏性的程序

2. 当用各种清病毒软件都不能清除系统病毒时，则应该对此U盘（　　）。

A．重新进行格式化 B．删除所有文件

C．丢弃不用 D．删除病毒文件

3．以下关于计算机病毒的叙述正确的是（   ）。

A．计算机病毒只破坏软盘或硬盘上的数据

B．若软盘上没有可执行文件，就不会感染上病毒

C．如果发现软盘上已有病毒，应立即将该盘上的文件复制到无病毒的软盘上

D．计算机病毒在一定条件下被激活之后，才起干扰破坏作用

4．宏病毒可感染下列的（   ）文件。

A．exe B．doc

C．bat D．txt

5．目前使用的防杀病毒软件的目的是（   ）。

A．检查磁盘的磁道是否被破坏

B．杜绝病毒对计算机的侵害

C．恢复被病毒破坏的磁盘文件

D．检查计算机是否感染病毒，清除已经感染的病毒

6．不是蠕虫病毒的传播方式及特性的是（   ）。

A．通过电子邮件进行传播

B．通过共享文件进行传播

C．通过光盘、软盘等介质进行传播

D．不需要在用户的参与下进行传播

7．以下（   ）是特洛伊木马的常见名字。

A．W32/KLEZ-G B．I-WORM. KLEZ. H

C．W32. KLEZ. H D．TROJ_DKIY. KI. 58

8．不是文件感染病毒的常见症状的是（   ）。

A．文件大小增加 B．内存降低

C．减缓处理速度 C．文件大小减少

9．引导扇区病毒特征和特性的描述错误的是（   ）。

A．会将原始的引导扇区以及部分病毒代码复制到磁盘的另一个地方

B．引导扇区病毒的设计缺陷可能会导致在读取软件时产生偶尔的写保护错误

C．引导扇区病毒在特定的时间对硬盘进行格式化操作

D．引导扇区病毒不再像以前那样造成威胁

10．安全模式下杀毒完成后，不会将病毒发作情况上报系统中心的是（   ）。

A．杀毒完成后，清空所有历史记录，再重启电脑开始日常工作

B．杀毒完成后，清空本次查杀记录，再重启电脑开始日常工作

C．杀毒完成后，直接重启电脑开始日常工作

D. 杀毒完成后，清空监控记录，再重启电脑开始日常工作

三、思考题

1. 计算机病毒有哪些传播途径？
2. 简述计算机病毒的检测方法。
3. 简述计算机病毒的预防措施。
4. 简述常用的防病毒技术。

技能拓展

【背景描述】

某 IT 集团公司已经部署防毒墙系统，某日安全系统管理员在检查 HTTPS 协议反病毒日志时，发现防毒墙系统记录的大部分 HTTPS 协议反病毒事件都是内部某终端访问了某一个网站，安全系统管理通过对该网站的了解，发现该网站是一个非法的专门传播黄色视频的病毒网站，因此，该安全系统管理员决定对防毒墙系统的策略设置进行调整。

【任务需求】

如果你作为该 IT 集团公司的安全系统管理员，可以对哪些方面的策略进行设置来禁止内部终端去访问该非法网站，按照实验拓扑来搭建环境并完成防毒墙系统策略的设置。

【实验拓扑】

实验拓扑结构如图 6-32 所示。

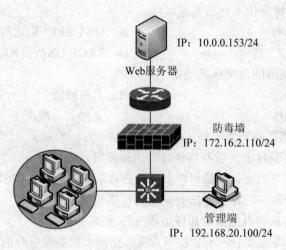

图 6-32　实验拓扑图

7

网络存储设备调试与部署

知识目标

- 了解网络存储的定义及分类
- 掌握网络存储的工作原理及性能指标
- 掌握网络存储的架构和应用

技能目标

- 能够根据项目需求进行方案设计
- 能够对网络存储设备进行部署、配置
- 能够对网络存储设备测试和维护

项目引导

📖 项目背景

某大学目前正在建设的电子图书馆需要存储 200 万册电子图书、电子期刊以及音频和视频等多媒体文件。如此多的数据文件需要安全可靠地存放在学校内部网络上，不能因为存放介质或设备的一般性故障而丢失或无法被读取，影响学校电子图书馆的正常使用。

📖 需求分析

为保证图书、期刊以及多媒体文件的高速并发访问，要求系统具有较高的稳定性。同时由于数据增长很快，要求存储具有可扩展性。预计需要 40TB 的存储空间。初期建设 12TB 的存储空间以应对目前的需要，未来可能会为这套电子图书系统建设数据备份系统以提高数据安全性。

存储是信息化建设数据安全的需求。数据丢失在中国企业信息化建设中非常严重，根据公开的调查：73.8%的企业遭遇过数据丢失，其中 14.6%的企业的所有工作需要重做，55.9%的企业的大部分工作需要重做，近七成左右的数据丢失将造成企业大部分甚至全部工作重做。据公开调查资料显示，在中国造成数据不安全的原因中，硬件故障和误操作是两个最大的因素。而存储设备和存储方案的构建将使用户的数据安全得到保障。

📖 **方案设计**

根据某大学电子图书馆的需求分析，我们为了保障应用系统的稳定性和数据安全性，保证应用系统数据安全存储，需要统一规划存储专用网络，增加一套网络存储设备。

根据需求分析中对数据存储容量的要求及设备购置成本等因素，该网络存储应配备至少 16 个盘位。前期需要配置 5 块 3TB 的硬盘，采用 "4+1" 的方式做 RAID 5 后的可用容量为 12TB。当其中一块硬盘受损的时候，另用一块磁盘做替换，替换后会自动利用奇偶校验信息去重建此磁盘上的数据。另外，剩余的存储盘位可在将来数据需要扩容时增加磁盘。

网络存储设备与电子图书馆服务器通过网络相连接，其网络拓扑图如图 7-1 所示。

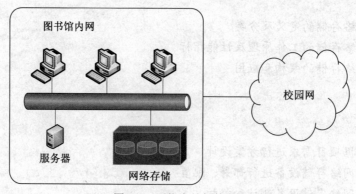

图 7-1　网络存储拓扑图

相关知识

7.1　网络存储概述

存储设备是数据信息生存的地方，是信息的载体。在存储行业内，狭义上的存储指的是根据不同的业务，采用合适、安全、有效的技术方案将信息存放在具有冗余、保护、迁移等功能的物理媒介。磁盘阵列和相关外围连接设备是存储中最重要的组成部分。磁盘阵列能够拥有几百 TB 甚至数 PB 的海量容量，能够管理几十到数千块磁盘。因此在大中型数据中心中，计算机通常使用专用的光纤通道交换机和协议与磁盘阵列相连，来处理高负荷的企业级事务。磁盘阵列是绝大部分企业级用户存放关键数据的存储设备。

7.2 网络数据存储的主要方式

网络数据存储的方式主要有 DAS、SAN、NAS 等，它们分别有各自的优、缺点和使用环境，在图 7-2 所示的拓扑图上部署了这三类存储方式，下面分别进行介绍，请结合图示进行理解和比较。

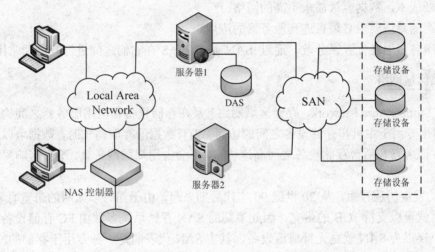

图 7-2 DAS、NAS、SAN 结构示意图

7.2.1 直接附加存储

DAS（Direct Attached Storage，直接附加存储）是指将存储设备通过 SCSI 线缆或光纤通道直接连接到服务器上，起到扩展存储空间的作用。DAS 设备依赖于服务器，其本身是存储设备硬件的堆叠，不带有操作系统，服务器的 I/O 操作直接发送到存储设备。在使用 SCSI 接口线缆连接时，一个 SCSI 环路或称为 SCSI 通道可以挂载最多 16 台设备，FC 可以在仲裁环的方式下支持 126 个设备。

DAS 方式的主要优点如下：

（1）在最低的成本下实现大容量存储。

（2）实现了应用数据与操作系统的分离。

（3）提高了存储性能。多个物理磁盘在虚拟化技术下并行工作，可以显著提高存取性能。

（4）结构简单，容易实现。

DSA 的缺点如下：

（1）扩展性差，服务器与存储设备直接连接的方式，导致出现新的应用需求时，只能为新增的服务器单独配置存储设备，造成重复投资。

（2）资源利用率低，DAS 方式的存储长期来看存储空间无法充分利用，存在浪费。容易出现部分应用对应的存储空间不够用，另一些却有大量的存储空间闲置。

（3）可管理性差，管理分散，无法集中。

（4）异构化严重，DAS 方式使得企业在不同阶段采购了不同型号、不同厂商的存储设备，设备之间异构化现象严重，导致维护成本居高不下。

DAS 的适用环境如下：

（1）低成本、数据容量需求不高的网络。

（2）存储系统要求必须直连到服务器的应用。

（3）服务器地理位置很分散，通过 SAN 或者 NAS 在它们之间进行互连非常困难时。

7.2.2　存储区域网络

SAN（Storage Aera Network，存储区域网络）是在存储设备和应用服务器之间构建存储网络，这个网络专用于主机和存储设备之间的访问，当有数据的存取需求时，数据可以通过存储区域网络在服务器和后台存储设备之间高速传输，不会占用局域网带宽，不会影响局域网的正常使用。

SAN 的发展历程较短，从 20 世纪 90 年代后期兴起，由于当时以太网的带宽有限，而 FC 协议在当时就可以支持 1GB 的带宽，因此早期的 SAN 存储系统多数由 FC 存储设备构成，导致很多用户误以为 SAN 就是光纤通道设备，其实 SAN 代表的是一种专用于存储的网络架构，与协议和设备类型无关。随着千兆以太网的普及和万兆以太网的实现，人们对于 SAN 的理解将更为全面。现在 SAN 的实现主要有过去的基于光纤通道的 FC-SAN 和后来兴起的基于 iSCSI 协议的 IP SAN。

SAN 由服务器、后端存储系统、SAN 连接设备三部分组成。后端存储系统由 SAN 控制器和磁盘系统构成，控制器是后端存储系统的关键，它提供存储接入、数据操作及备份、数据共享、数据快照等数据安全管理及系统管理等一系列功能。后端存储系统为 SAN 解决方案提供了存储空间。使用磁盘阵列和 RAID 策略为数据提供存储空间和安全保护措施。连接设备包括交换机、HBA 卡和各种介质的连接线。

SAN 的优点主要如下：

（1）设备整合。多台服务器可以通过存储网络同时访问后端存储系统，不必为每台服务器单独购买存储设备，降低存储设备异构化程度，减轻维护的工作量，降低维护费用。

（2）数据集中。不同应用和服务器的数据实现了物理上的集中、空间调整和数据复制等工作可以在一台设备上完成，大大提高了存储资源利用率。

（3）高可扩展性，存储网络架构使得服务器可以方便地接入现有 SAN 环境，较好地适应应用变化的需求。

（4）总体拥有成本低。存储设备的整合和数据集中管理，大大降低了重复投资率和长期管理维护成本。

7.2.3 网络附加存储

NAS（Network Attached Storage，网络附加存储）是一种专用、高性能的文件共享和存储设备，使其客户端能够通过 IP 网络共享文件。拥有自己的文件系统，通过 NFS 或 CIFS 对外提供文件访问服务。

NAS 包括存储器件（如硬盘驱动器阵列、CD 或 DVD 驱动器、磁带驱动器或可移动的存储介质）和专用服务器。专用服务器上装有专门的操作系统，通常是简化的 UNIX/Linux 操作系统，或者是一个特殊的 Windows 2000 内核，为文件系统管理和访问做了专门的优化。专用服务器利用 NFS 或 CIFS 充当远程文件服务器，对外提供文件级的访问。

NAS 的优点：

（1）NAS 可以即插即用。

（2）NAS 通过 TCP/IP 网络连接到应用服务器，因此可以基于已有的企业网络方便连接。

（3）专用的操作系统支持不同的文件系统，提供不同操作系统的文件共享。经过优化的文件系统提高了文件的访问效率，也支持相应的网络协议。即使应用服务器不再工作了，仍然可以读出数据。

NAS 的缺点：

（1）NAS 设备与客户机通过企业网进行连接，因此数据备份或存储过程中会占用网络的带宽。这必然会影响企业内部网络上的其他网络应用；共用网络带宽成为限制 NAS 性能的主要问题。

（2）NAS 的可扩展性受到设备大小的限制。增加另一台 NAS 设备非常容易，但是要想将两个 NAS 设备的存储空间无缝合并不容易，因为 NAS 设备通常具有独特的网络标识符，存储空间的扩大范围有限。

（3）NAS 访问需要经过文件系统格式转换，所以是以文件一级来访问。不适合 Block 级的应用，尤其是要求使用裸设备的数据库系统。

7.2.4 SAN 和 NAS 比较

SAN 和 NAS 经常被视为两种竞争技术，实际上，二者能够很好地相互补充，以提供对不同类型数据的访问。SAN 针对海量、面向数据块的数据传输，而 NAS 则提供文件级的数据访问和共享服务。NAS 和 SAN 不仅各有应用场合，也相互结合，许多 SAN 部署于 NAS 后台，为 NAS 设备提供高性能海量存储空间。

NAS 和 SAN 结合中出现了 NAS 网关这个部件。NAS 网关主要由专为提供文件服务而优化的操作系统和相关硬件组成，可以看作是一个专门的文件管理器。NAS 网关连接到后端的 SAN 上，使得 SAN 的大容量存储空间可以为 NAS 所用。因此，NAS 网关后面的存储空间可以根据环境的需求扩展到非常大的容量。"NAS 网关"方案主要是在 NAS 一端增加了可与 SAN 相连的"接口"，系统对外只有一个用户接口。NAS 网关系统虽然在一定程度上解决了 NAS 与 SAN 系统的存储设备级的共享问题，但在文件级的共享问题上却与传统的 NAS 系统遇到了同样的可扩展性问题。当一个文件系统负载很大时，NAS 网关很可能成为系统的瓶颈。

7.3 主要协议 SCSI、FC、iSCSI

7.3.1 SCSI

SCSI（Small Computer System Interface，小型计算机系统接口）于 1979 首次提出，是为小型机研制的一种接口技术，现在已完全普及到了小型机，高低端服务器以及普通 PC 上。

SCSI 可以划分为 SCSI-1、SCSI-2、SCSI-3，最新的为 SCSI-3，也是目前应用最广泛的 SCSI 版本。

SCSI-1：1979 年提出，支持同步和异步 SCSI 外围设备；支持 7 台 8 位的外围设备，最大数据传输速度为 5MB/s。

SCSI-2：1992 年提出，也称为 Fast SCSI，数据传输率提高到 20MB/s。

SCSI-3：1995 年提出，Ultra SCSI（Fast-20）。Ultra 2 SCSI（Fast-40）出现于 1997 年，最高传输速率可达 80MB/s。1998 年 9 月，Ultra 3 SCSI（Utra 160 SCSI）正式发布，最高数据传输率为 160MB/s。Ultra 320 SCSI 的最高数据传输率已经达到了 320MB/s。

7.3.2 FC（光纤通道）

FC（Fibre Channel）即光纤通道技术，FC-SAN 就是使用光纤通道传输数据的存储区域网络。FC 开发于 1988 年，最早是用来提高硬盘协议的传输带宽，侧重于数据的快速、高效、可靠传输。通常的运行速率有 2Gb/s、4Gb/s、8Gb/s 和 16Gb/s。

光纤通道是一种基于标准的网络结构。它的协议被划分为 5 个层次，即 FC-0~FC-4。我们知道 OSI/RM 参考模型供分为 7 层，依次是物理层（Physical Layer）、数据链路层（Data Link Layer）、网络层（Network Layer）、传输层（Transport Layer）、会话层（Session Layer）、表示层（Presentation Layer）和应用层（Application Layer）。光纤通道所分的 5 层不能直接映射到 OSI 模型的层上。其中 FC-0~FC-3 对应 OSI 的物理层、链路层和网络层，FC-4 是为上层应用协议（如 SCSI、IP 等）提供到光纤通道的接口。为了向 OSI 上层（传输层、会话层、表示层和应用层）提供服务，光纤通道可以与上层协议集成（ULP）。FC 的协议分层及其与 OSI 参考模型的对照如图 7-3 所示。

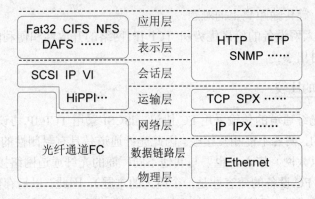

图 7-3　光纤通道分层与 OSI 对照图

7.3.3　iSCSI

iSCSI（互联网小型计算机系统接口）是一种在 TCP/IP 上进行数据块传输的标准。它是由 Cisco 和 IBM 两家发起的，并且得到了各大存储厂商的大力支持。iSCSI 可以实现在 IP 网络上运行 SCSI 协议，使其能够在诸如高速千兆以太网上进行快速的数据存取备份操作。

iSCSI 标准在 2003 年 2 月 11 日由 IETF（互联网工程任务组）认证通过。iSCSI 继承了两大传统技术：SCSI 和 TCP/IP 协议。这为 iSCSI 的发展奠定了坚实的基础。基于 iSCSI 的存储系统只需要不多的投资便可实现 SAN 存储功能，甚至直接利用现有的 TCP/IP 网络。相对于以往的网络存储技术，它解决了开放性、容量、传输速度、兼容性、安全性等问题，其优越的性能使其备受关注与青睐。

iSCSI 协议的通信过程如下：

（1）iSCSI 系统由 SCSI 适配器发送一个 SCSI 命令。

（2）命令封装到 TCP/IP 包中并送入到以太网络。

（3）接收方从 TCP/IP 包中抽取 SCSI 命令并执行相关操作。

（4）把返回的 SCSI 命令和数据封装到 TCP/IP 包中，将它们发回到发送方。

（5）系统提取出数据或命令，并把它们传回 SCSI 子系统。

iSCSI 协议本身提供了 QoS 及安全特性。可以限制 initiator 仅向 target 列表中的目标发登录请求，再由 target 确认并返回响应，之后才允许通信。通过 IPSec 将数据包加密之后传输，包括数据完整性、确定性及机密性检测等。

iSCSI 的优势：

（1）广泛分布的以太网为 iSCSI 的部署提供了基础。

（2）千兆/万兆以太网的普及为 iSCSI 提供了更大的运行带宽。

（3）以太网知识的普及为基于 iSCSI 技术的存储技术提供了大量的管理人才。

（4）由于基于 TCP/IP 网络，完全解决数据远程复制（Data Replication）及灾难恢复（Disaster Recover）等传输距离上的难题。

（5）得益于以太网设备的价格优势和 TCP/IP 网络的开放性和便利的管理性，设备扩充和应用调整的成本付出小。

7.3.4　iSCSI 和 FC 的比较

从传输层看，光纤通道的传输采用 FC 协议，iSCSI 采用 TCP/IP 协议。FC 协议与现有的以太网是完全异构的，两者不能相互接驳。因此光纤通道是具有封闭性的，而且不仅要与现有的企业内部网络（以太网）接入，也要与其他不同厂商的光纤通道网络接入（由于厂家对 FC 标准的理解的不同，FC 设备的兼容性是一个巨大的难题）。因此，以后存储网络的扩展由于兼容性的问题而成为了难题。而且，FC 协议由于其特性，网络建成后，加入新的存储子网时，必须要重新配置整个网络，这也是 FC 网络扩展的障碍。

iSCSI 基于的 TCP/IP 协议，它本身就运行于以太网之上，因此可以和现有的企业内部以太网无缝结合。TCP/IP 网络设备之间的兼容性已经无需讨论，迅猛发展的因特网上运行着全球无数家网络设备厂商提供的网络设备，这是一个最好的佐证。

从网络管理的角度看，运行 FC 协议的光网络，其技术难度比较大。管理采用了专有的软件，因此需要专门的管理人员，且培训费用高昂。TCP/IP 网络的知识通过这些年的普及，已有大量的网络管理人才，并且由于支持 TCP/IP 的设备对协议的支持一致性好，即使是不同厂家的设备，其网络管理方法也是基本一致的。

7.4　RAID 技术

7.4.1　RAID 概述

RAID（Redundant Array of Inexpensive Disks，廉价磁盘冗余阵列）技术将多个单独的磁盘以不同的组合方式形成一个逻辑硬盘，从而提高了磁盘读取的性能和数据的安全性。不同的组合方式用 RAID 级别来标识。RAID 技术是由美国加州大学伯克利分校 D.A.Patterson 教授于 1988 年提出的，作为高性能、高可靠的存储技术，在今天已经得到了广泛的应用。

7.4.2　RAID 级别

RAID 技术经过不断的发展，现在已拥有了从 RAID 0～5 六种明确标准级别的 RAID 级别。另外，其他还有 6、7、10（RAID 1 与 RAID 0 的组合）、01（RAID 0 与 RAID 1 的组合）、30（RAID 3 与 RAID 0 的组合）、50（RAID 0 与 RAID 5 的组合）等。不同 RAID 级别代表着不同的存储性能、数据安全性和存储成本，在各个 RAID 级别中，使用最广泛的是 RAID0、RAID1、RAID10 和 RAID5。

下面将介绍如下 RAID 级别：0、1、2、3、4、5、6、10、01。

1. RAID0

RAID0 也称为条带化（Stripe），将数据分成一定的大小顺序写到阵列的磁盘里，RAID0 可以并行地执行读写操作，可以充分利用总线的带宽。理论上讲，一个由 N 个磁盘组成的 RAID0 系统，它的读写性能将是单个磁盘读取性能的 N 倍，且磁盘空间的存储效率最大（100%）。RAID0 有一个明显的缺点：不提供数据冗余保护，一旦数据损坏，将无法恢复。

RAID0 应用于对读取性能要求较高但所存储的数据为非重要数据的情况下。

2. RAID1

RAID1 称为镜像（Mirror），它将数据完全一致地分别写到工作磁盘和镜像磁盘，因此它的磁盘空间利用率为 50%，在数据写入时，时间会有影响，但是读的时候没有任何影响，RAID1 提供了最佳的数据保护，一旦工作磁盘发生故障，系统自动从镜像磁盘读取数据，不会影响用户工作。

RAID1 应用于对数据保护极为重视的应用。

3. RAID2

RAID2 称为纠错海明码磁盘阵列，阵列中序号为 2N 的磁盘（第 1、2、4、6、…）作为校验盘，其余的磁盘用于存放数据，磁盘数目越多，校验盘所占比率越少。RAID2 在大数据存储额情况下性能很高，RAID2 的实际应用很少。

4. RAID3

RAID3 采用一个硬盘作为校验盘，其余磁盘作为数据盘，数据按位或字节的方式交叉地存取到各个数据盘中。不同磁盘上同一带区的数据做异或校验，并把校验值写入到校验盘中。RAID3 系统在完整的情况下读取时没有任何性能上的影响，读性能与 RAID0 一致，却提供了数据容错能力。但是，在写时性能大大下降，因为每一次写操作，即使是改动某个数据盘上的一个数据块，也必须根据所有同一带区的数据来重新计算校验值写入到校验盘中，一个写操作包含了写入数据块、读取同一带区的数据块、计算校验值、写入校验值等操作，系统开销大大增加。

当 RAID3 中有数据盘出现损坏，不会影响用户读取数据，如果读取的数据块正好在损坏的磁盘上，则系统需要读取所有同一带区的数据块，然后根据校验值重新构建数据，系统性能受到影响。

RAID3 的校验盘在系统接受大量的写操作时容易形成性能瓶颈，因而适用于有大量读操作（如 Web 系统）以及信息查询等应用或持续大块数据流（如非线性编辑）的应用。

5. RAID4

RAID4 与 RAID3 基本一致，区别在于条带化的方式不一样，RAID4 按照块的方式存放数据，所以在写操作时只涉及两块磁盘，即数据盘和校验盘，提高了系统的 IO 性能。但面对随机分散的写操作，单一的校验盘往往成为性能瓶颈。

6. RAID5

RAID5 与 RAID3 的机制相似，但是数据校验的信息被均匀地分散到阵列的各个磁盘上，这样就不存在并发写操作时的校验盘性能瓶颈。阵列的磁盘上既有数据又有数据校验信息，数据块和对应的校验信息会存储在不同的磁盘上，当一个数据盘损坏时，系统可以根据同一带区的其他数据块和对应的校验信息来重构损坏的数据。

RAID 5 可以理解为是 RAID 0 和 RAID 1 的折衷方案。RAID 5 可以为系统提供数据安全保障，但保障程度要比 RAID 1 低，而磁盘空间利用率要比 RAID1 高。RAID 5 具有和 RAID 0 相似的数据读取速度，只是多了一个奇偶校验信息，写入数据的速度比对单个磁盘进行写入操作稍慢。同时由于多个数据对应一个奇偶校验信息，RAID 5 的磁盘空间利用率要比 RAID 1 高，存储成本相对较低。RAID5 的空间利用率是(N-1)/N（N 为阵列的磁盘数目）。

RAID5 在数据盘损坏时的情况和 RAID3 相似，由于需要重构数据，性能会受到影响。

7. RAID6

RAID 6 提供两级冗余，即阵列中的两个驱动器失败时，阵列仍然能够继续工作。一般而言，RAID 6 的实现代价最高，因为 RAID 6 不仅要支持数据的恢复，又要支持校验的恢复，这使 RAID 6 控制器比其他级 RAID 更复杂、更昂贵。

8. RAID10

RAID10 是 RAID1 和 RAID0 的结合，也称为 RAID（0+1），先做镜像然后做条带化，既提高了系统的读写性能，又提供了数据冗余保护，RAID10 的磁盘空间利用率和 RAID1 是一样的，为 50%。RAID10 适用于既有大量的数据需要存储，又对数据安全性有严格要求的领域，比如金融、证券等。

9. RAID01

RAID01 也是 RAID0 和 RAID1 的结合，但它是对条带化后的数据进行镜像。与 RAID10 不同的是，一个磁盘的丢失等同于整个镜像条带的丢失，所以一旦镜像盘失败，则存储系统成为一个 RAID0 系统（即只有条带化）。RAID01 的实际应用非常少。

7.5 高可用技术

随着计算机和网络的飞速发展，计算机在各个行业的应用越来越广泛和深入。在绝大多数行业和企业都存在一些关键的应用，这些应用必须 7×24×365 天不间断运行。这些应用的主机系统一旦出现问题，轻则降低业务响应速度，严重的会导致业务中断，造成严重的后果。如何能保证业务的持续进行，已经成为影响一个公司成败的关键因素。在这样的情况下，系统的高可用性就显得尤为重要。

在高可用技术中，根据不同的应用环境，从性能、经济等方面考虑，主要有以下几种方法和模式。

1. 双机热备份方式

在双机热备份方式中，主服务器运行应用，备份服务器处于空闲状态，但实时监测主服务器的运行状态。一旦主服务器出现异常或故障，备份服务器立刻接管主服务器的应用。也就是目前通常所说的 Active/Standby 方式，主要通过纯软件方式实现双机容错。系统运行时，只有主服务器与存储系统进行数据交换。当发生主机故障切换时，要求存储系统能与备份服务器快速建立数据通道，以支持业务的快速切换。

这种方式适用于硬件资源充足、对应用系统有严格高可靠性要求的用户，如企业、政府、军队、重要商业网站 ISP/ICP 或数据库应用等。这些用户不仅要求保证主机系统能够 24 小时提供不间断的服务，还要求发生故障切换时，应用系统的性能和响应速度不受影响，以确保网络系统、网络服务、共享磁盘空间、共享文件系统、进程以及数据库的高速持续运转。

2. 双机互备份方式

在这种方式中，没有主服务器和备份服务器之分，两台主机互为备份。主机各自运行不同应用，同时还相互监测对方状况。当任一台主机宕机时，另一台主机立即接管它的应用，以保证业务的不间断运行。也就是目前通常所说的 Active/Active 方式，主要通过纯软件方式实现双机容错。通常情况下，支持双机热备的软件都可以支持双机互备份方式。系统运行时，两台主机需要同时对磁盘阵列进行读、写操作，这要求存储系统具备良好的并发读取操作和一定的负载均衡功能。

这种方式适用于在确保应用不间断运行的前提下，从投资的角度考虑，能充分地利用现有的硬件资源的用户。这些用户的应用要求保证业务不间断运行，但在发生故障切换时，允许一定时间内应用性能的降低。

3. 群集并发存取方式

在这种方式下，多台主机一起工作，各自运行一个或几个服务。当某个主机发生故障时，运行在其上的服务就被其他主机接管。群集并发存取方式在获得高可用性的同时，也显著提高了系统整体的性能。主要的群集软件有集成了 Windows 群集（Windows Clustering）软件的 Microsoft Windows Server 2003 Enterprise Edition，Veritas 的 Cluster Server 和一些基于 Linux 开发的集群管理软件，一般都支持八个节点以上的群集。

这种方式适用于对计算数据处理要求高的应用场合，其特点是实时性强、阶段性数据流量大、对应用系统有严格高可靠性要求。这种方式需要更多的硬件投资，为企业带来更大的可靠性和更多的任务处理能力。和前面提到的两种高可用的计算机技术相比，群集技术并不要求所有服务器的性能相当，不同档次的服务器都可以作为群集的节点。在需要运行高负载的应用任务时，可以通过临时接入新的节点的方法，增加系统的运算和响应能力。群集技术系统可以在低成本的条件下完成大运算量的计算，具有较高的运算速度和响应能力，能够满足当今日益增长的信息服务的需求。

7.6 项目实训

7.6.1 任务1：认识网络存储设备

根据需求分析进行的方案设计已经明确指出，该校图书馆所需部署的网络存储设备至少要有 16 个盘位，前期需要配置 5 块 3TB 的硬盘，采用 4+1 的方式做 RAID 5 后的可用容量为 12TB。

本次项目实训中使用的存储设备是 Infortrend（普安科技）公司的产品，Infortrend 成立于 1992 年，是目前全球第三大专业的磁盘阵列系统研发与制造商，公司总部位于中国台湾。

如图 7-4 所示是这一款 3U 网络存储设备前视图，拥有 16 个盘位。

这里的"U"指的是服务器的大小规格以及服务器的高。1U=4.45cm，2U=8.9cm，3U=4.45cm×3，依此类推。现在的服务器为节省空间都是很扁的。

图 7-4　3U 网络存储设备

该款产品有两种型号，一种是拥有单控制器的单控产品，如图 7-5 所示是单控产品的后视图；另一种是拥有双控制器的双控产品，如图 7-6 所示是双控产品的后视图。在图中可以看到每个控制器都有几个 USB 接口、一个 RJ-45 网线接口及 iSCSI 接口，可以用来连接到服务器或者网络。

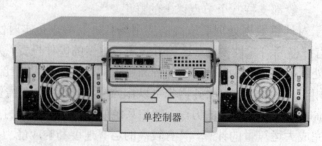

图 7-5　单控产品后视图

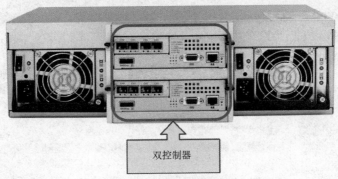

图 7-6　双控产品后视图

7.6.2　任务 2：登录网络存储设备

将管理端口用 RJ-45 双绞网线将存储连接到局域网，或直接连接到管理工作站（笔记本）的网卡端口上。将设备配置好之后，如果还是连接在局域网上，就将作为 NAS 设备使用；如果直连到服务器上，就将作为 DAS 使用。

设置本地 IP 为 10.10.1.X 网段，存储管理口 IP 为 10.10.1.1。

然后执行"开始"→"运行"命令，输入 CMD，之后输入 ping 10.10.1.1，测试与设备的连通性。

ping 通后，打开 IE 浏览器并在地址栏中输入管理口的 IP（10.10.1.1）并按 Enter 键回车，进入存储的管理界面登录窗口，如图 7-7 所示。

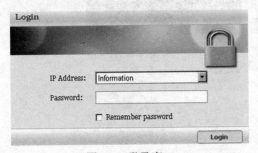

图 7-7　登录窗口

IP Address 中"Information"为查看信息选项，"Configuration"为配置选项。按需要我们选择"Configuration"，默认"Password"为空，没有密码，单击"Login"按钮即可进入到配置管理界面，如图 7-8 所示。

7.6.3　任务 3：创建并配置逻辑驱动器

单击左边的"Logical Drive"→"Set/Delete Logical Drive"命令，查看原来的设置，如图 7-9 所示。

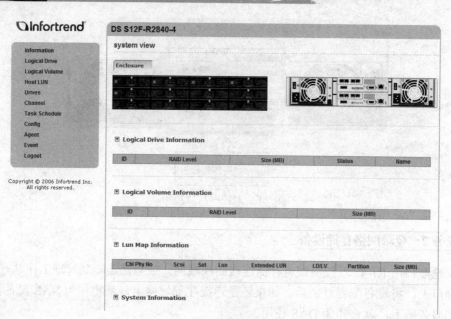

图 7-8　配置管理界面

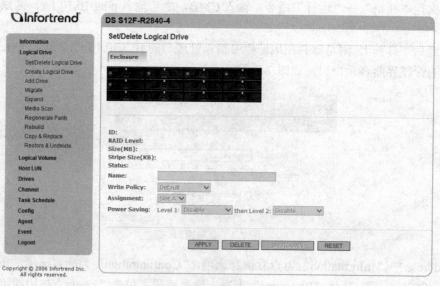

图 7-9　创建逻辑驱动器（1）

单击 "Logical Drive" → "Create Logical Drive" 命令后，可以创建一个新的逻辑驱动器。在界面上罗列出来的磁盘图案上选择所需要的磁盘（在图中，磁盘图案上有绿灯的表示已接磁盘，有红灯的则表示未接磁盘。现在显示有五个绿灯，表示已经连接五块磁盘），在图 7-10 中已选中了 3 个磁盘，并创建为 "RAID5"。完成磁盘选择后，单击 "APPLY" 按钮即可创建新的 LD（Logical Drive）。

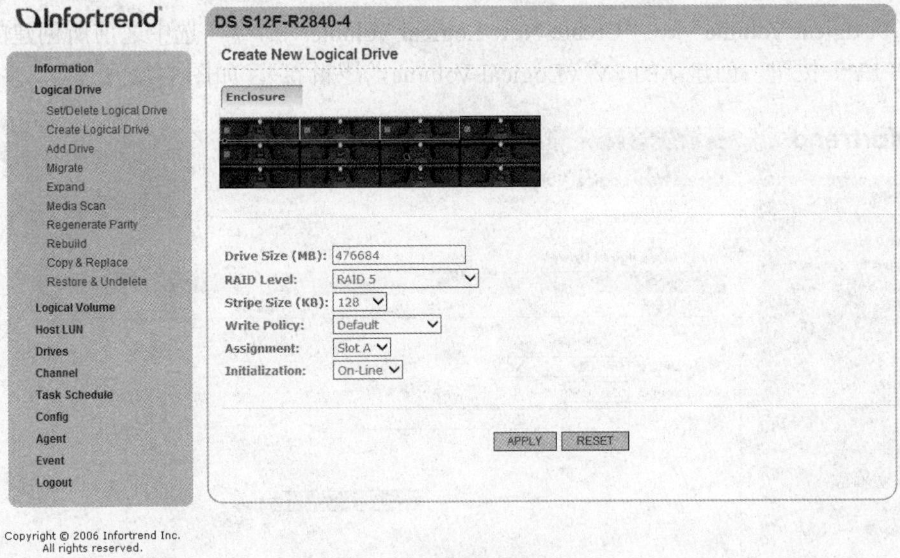

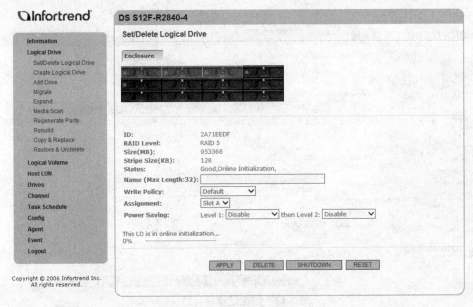

图 7-10　创建逻辑驱动器（2）

回到"Logical Drive"→"Set/Delete Logical Drive"查看设置的情况，如图 7-11 所示，选中浅蓝色的磁盘组即可看到该磁盘组的设置情况，如图 7-11 所示。

图 7-11　创建逻辑驱动器（3）

7.6.4   任务 4：创建并配置逻辑卷

单击"Logical Volume"→"Create New Logical Volume"命令，选中之前所创建的 LD，单击"APPLY"按钮，创建新的 LV（Logical Volume，逻辑卷），如图 7-12 所示。

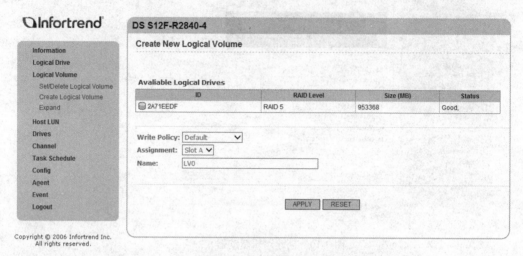

图 7-12   创建逻辑卷（1）

单击"Logical Volume"→"Set/Delete Logical Volume"命令，查看新创建的 LV，如图 7-13 所示。

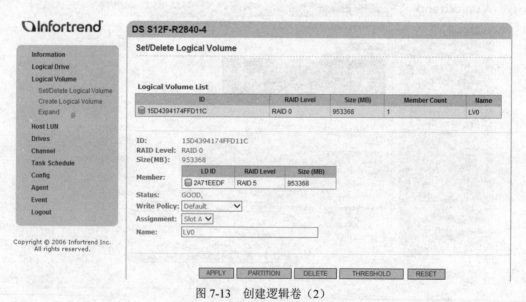

图 7-13   创建逻辑卷（2）

选中刚才新建的 LV，再单击"PARTITION"按钮，在新建的 LV 中创建分区。弹出图 7-14

所示界面，单击"Partition"表格中的"+"按钮进入到划分分区的界面。

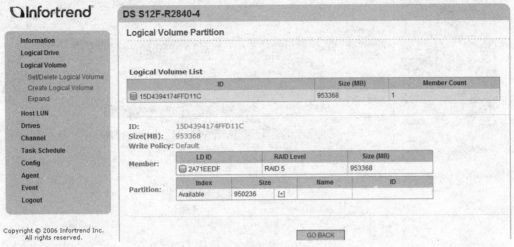

图 7-14　创建逻辑卷分区

如图 7-15 所示为设置分区信息的界面，在"Partition size"文本框中输入本次分区大小后，单击"APPLY"按钮，确认本次设置。

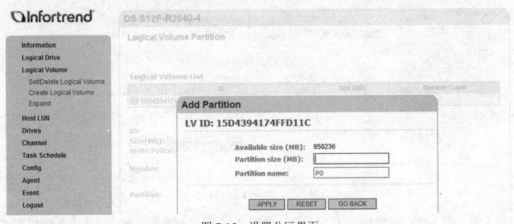

图 7-15　设置分区界面

本次把整个 LV 创建成了一个分区，如图 7-16 所示。

7.6.5　任务 5：创建并配置 LUN 映射

单击"Host LUN"→"Create Lun Map"命令，把新创建的 LUN 映射到存储的主机通道以便对外使用。选中新建的 LV，再选择对外映射的通道号（Channel Physical No）、控制器号（SCSI ID）和 LUN 号（LUN No），如图 7-17 所示。

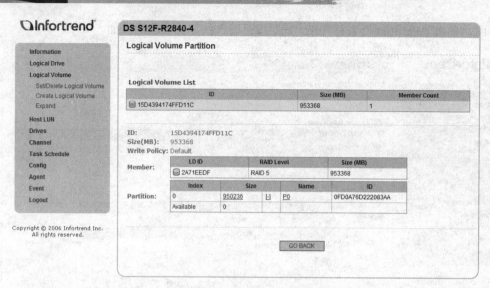

图 7-16　逻辑卷分区信息

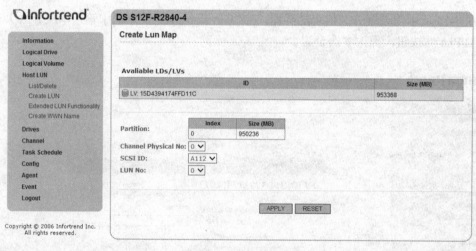

图 7-17　创建 Lun Map

单击图 7-17 中的"APPLY"按钮，就出现图 7-18 所示的提示，单击"确定"按钮即可创建新的 LUN，如图 7-18。

图 7-18　确认创建新 LUN

弹出如图 7-19 所示界面，就创建完成了非绑定的映射。

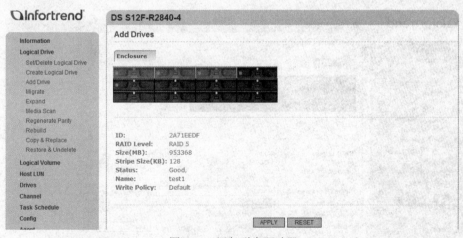

图 7-19　主机 LUN List

7.6.6　任务 6：原有 RAID5 增加磁盘而扩充储存的空间

本次任务我们需要往原来 RAID5 的 LV 里增加一个磁盘。

首先还是登录到管理界面，单击"Logical Drive"→"Add Drive"命令，如图 7-20 所示，选中新增加的磁盘。

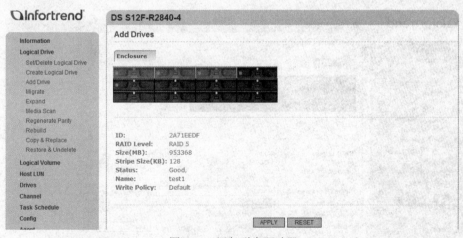

图 7-20　添加磁盘驱动器

单击"APPLY"按钮后，会弹出如图 7-21 所示的确认窗口。

单击"确定"按钮后，存储设备开始为该 Logical Drive 增加磁盘，如图 7-22 所示。

进度完成后，可以看到该"Logical Drive"的"Size"产生了变化，如图 7-23 所示。

图 7-21　确认添加磁盘驱动器

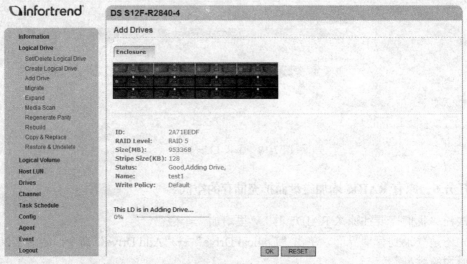

图 7-22　添加磁盘驱动器中

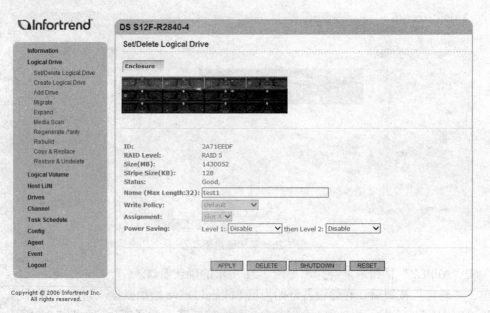

图 7-23　添加逻辑卷界面

7.6.7　任务 7：服务器与磁盘阵列的连接和使用

在前面的任务中，我们将存储设备进行了配置，使用 RAID5 方式创建了逻辑驱动器，并划分了逻辑卷和逻辑卷分区。本次任务中，我们将存储设备连接到服务器上。

以 iSCSI 接口的磁盘阵列为例，可以使磁盘阵列的网口直接连接上服务器（或者通过使用交换机连接）。其他类型接口的磁盘阵列，只需给 HBA 卡安装驱动后即可识别磁盘阵列映射的 LUN。

右击"我的电脑"→"管理"命令，打开"计算机管理"界面。

选择"计算机管理"→"设备管理器"→"磁盘驱动器"命令，可以看到磁盘阵列映射到服务器上的磁盘，如图 7-24 所示。

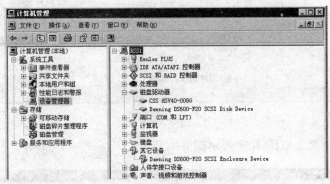

图 7-24　"计算机管理"界面

1．初始化磁盘和转换分区格式

选择"计算机管理"→"磁盘管理"命令，可以识别新的磁盘，如图 7-25 所示。

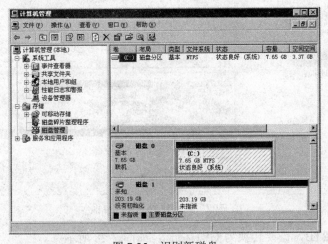

图 7-25　识别新磁盘

初始化磁盘，如图 7-26 所示。

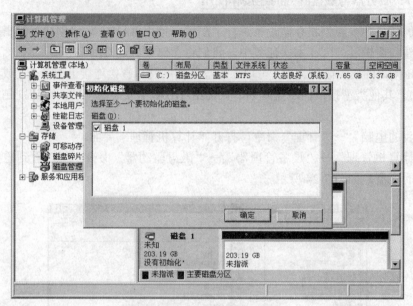

图 7-26　初始化磁盘界面

初始化完成后，会有如图 7-27 所示的界面。

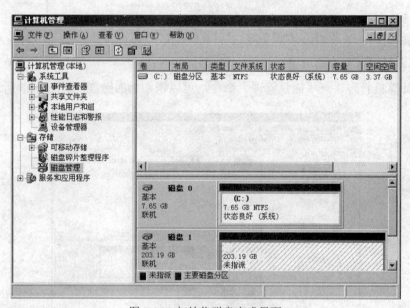

图 7-27　初始化磁盘完成界面

如果分区大于 2TB，需要转换为 GPT 格式，如图 7-28 所示。

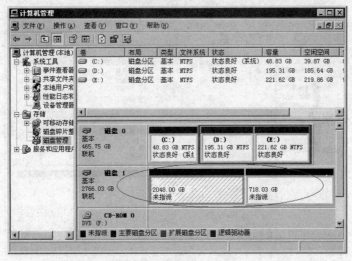

图 7-28　磁盘管理界面

在"磁盘 1"上右击，在弹出的快捷菜单中选择"转化成 GPT 磁盘"命令，如图 7-29 所示。

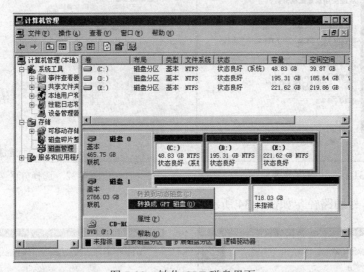

图 7-29　转化 GPT 磁盘界面

转换完成后，被分割的空间重新合在一起，如图 7-30 所示。

2．创建 NTFS 文件系统

在新加的磁盘上右击，在弹出的快捷菜单中选择"新建磁盘分区"命令，会出现如图 7-31 所示的新建磁盘分区向导，按照向导提示，使用所有空间创建一个分区。

选择分区类型，如图 7-32 所示。

指定分区大小，如图 7-33 所示。

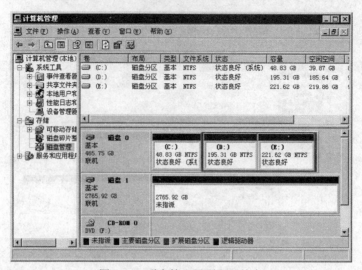

图 7-30　磁盘管理界面——整合

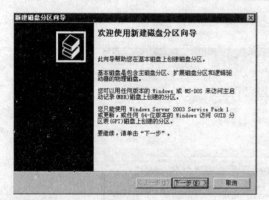

图 7-31　新建磁盘分区向导

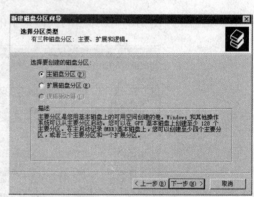

图 7-32　选择分区类型

指派驱动器号和路径，如图 7-34 所示。

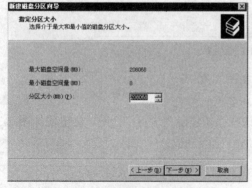

图 7-33　指定分区大小

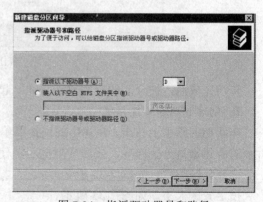

图 7-34　指派驱动器号和路径

格式化分区，如图 7-35 所示。

完成创建分区，如图 7-36 所示。

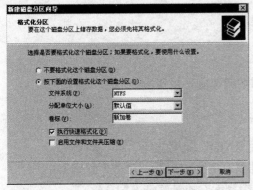

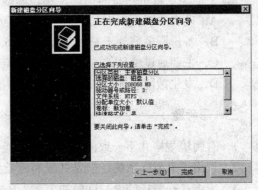

图 7-35　格式化分区　　　　　　　　　图 7-36　完成创建分区

分区创建完成，就可以交付用户测试与使用了。

综合训练

一、判断题

1. DAS 方式的存储资源利用率低，长期来看存储空间无法充分利用，存在浪费。（　　）

2. 当一个文件系统负载很大时，NAS 网关很可能成为系统的瓶颈。（　　）

3. RAID5 在磁盘空间使用率上比 RAID10 高。（　　）

4. RAID1 磁盘空间的存储效率最大（100%）。（　　）

5. Linux 操作系统包括 Ext2、Ext3、NFS、XFS 等文件系统。（　　）

二、单项选择题

1. 下列不属于 SAN 优点的是（　　）。

    A. 设备整合　　　　　　　　　　　B. 数据集中

    C. 可扩展性差　　　　　　　　　　D. 总体拥有成本低

2. 下列不属于 NAS 优点的是（　　）。

    A. 可以即插即用　　　　　　　　　B. 通过 TCP/IP 网络连接到应用服务器

    C. 提供不同操作系统的文件共享　　D. 可扩展性不受设备大小的限制

3. 下列属于 Linux 的文件系统的是（　　）。

    A. FAT　　　　　　　B. NTFS　　　　　C. EXT3　　　　　D. NFS

4. RAID10 的磁盘利用率是（　　）。

Chapter 7

A．(N-1)/N（N 为阵列的磁盘数目）   B．50%

C．80%   D．20%

5．下面关于双机热备的描述，不正确的是（   ）。

A．两台主机同时对磁盘阵列进行读写操作

B．备份服务器处于空闲状态

C．主要通过纯软件方式实现双机容错

D．发生故障切换时，应用系统的性能和响应速度不受影响

三、思考题

1．有两块规格并不一致的硬盘，能不能使用 RAID？效果怎样？

2．使用了 RAID 系统，但是并没有感觉到速度有明显的提升，这是为什么？

3．应该选择怎样的 RAID 解决方案？RAID 控制卡？还是软件 RAID？

4．常见的 RAID 类型有哪些？各有什么特点？

技能拓展

【背景描述】

某中学网络机房存储设备中有多块硬盘：5 块 80GB 相同型号硬盘和 10 块 60GB 相同型号硬盘。虽然产品完好，但是由于较为陈旧，现在使用明显感觉读取速度太慢，网管员想要提高硬盘读写性能，决定采用 RAID 技术来解决这个问题。

【任务需求】

1．旧硬盘新应用解决硬盘空间不够用的问题。

2．解决单个硬盘读写速度有限的问题。

3．考虑到硬盘较为陈旧，要求注意防止单块硬盘故障导致所有数据无法读取的问题。

8

数据备份软件调试与部署

知识目标

- 了解数据备份的定义和作用
- 了解数据所面临的安全威胁
- 掌握数据备份的方式和策略

技能目标

- 能够根据项目进行方案设计
- 掌握数据备份系统的架构和组成
- 掌握数据备份软件的安装与使用

项目引导

📖 **项目背景**

某医院信息管理系统的核心是 HIS 系统，担负全院收费、发药、住院、物资、病案、财务管理等重要的工作，而系统中数据的安全性关系到整个系统能否正常运行，也关系到医院工作的正常展开，所以对整个系统而言，做好数据保护是至关重要的。

对数据的保护，目前用得最多、最有效的手段是数据备份。备份的方法有很多，有手工备份、自动备份、LAN 备份、LAN-Free 备份等，不同的备份方法，其效果不同，主要表现在性能、自动化程度、对现有系统应用的影响程度、可管理性、可扩展性等方面。

📖 **需求分析**

目前，医院信息系统的核心服务器是 HIS 服务器，运行着 SQL Server 数据库，是医院最为重要的服务器，应对其进行容灾备份，即使灾难发生，数据依然可得以保存，并能够有效恢复。目前医院所有关键数据都放置于服务器内置硬盘中，一旦发生故障，将会导致所有信息丢失，这将给医院带来不可估量的损失。

针对医院的具体情况，我们分析其备份需求主要表现在以下几个方面：

（1）备份数据特点。主要是纯文本的数据，这种类型的数据存储容量需求较小，而冗余信息量低，这意味着所有数据都很重要。

（2）实时性要求。医院 24 小时都在接收、治疗病患，所以对数据备份的实时性要求很高，如果条件允许，应尽量缩短备份时间间隔。

（3）自动化需求。要求备份系统能够无人值守进行，防止人工疏忽造成不必要损失。

（4）扩展性需求。医院的数据规模在不断扩展，硬件设施会不断更新，要求部署的数据备份系统具有较高的可扩展性，方便医院在现有系统的基础上进行更新换代。

📖 **方案设计**

本方案中我们推荐使用 SYMANTEC（原 VERITAS）数据备份软件对数据进行保护，有效提高数据的整体可用性。

根据前面的需求分析，要建立一套统一的自动备份系统是必需的。综合考虑系统的安全性、可管理性和产品的性价比，做多方面的评估后，建议配备一台服务器作为数据备份专用（如图 8-1 所示），该服务器可根据用户管理的需要设在内部机房或异地机房（局域网内），并根据用户数据量的大小选用硬盘容量。

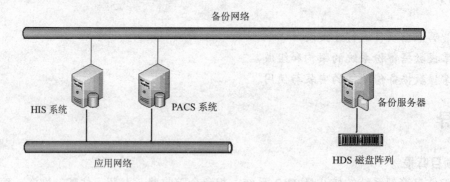

图 8-1　数据备份网络拓扑图

在备份服务器中安装 SYMANTEC BACKUP EXEC 软件，对各服务器中的数据库进行在线备份，做到在不影响医院正常工作的同时，有效保证数据安全，对数据备份做到集中管理。

一旦发生数据丢失及服务器损坏情况，可从备份服务器中快速恢复数据，尽量减少系统宕机时间，维持医院各应用系统正常运行。

在备份服务器后端可选择挂接磁盘阵列或磁盘存储设备，将备份的数据存于其中。

相关知识

8.1　数据备份概述

8.1.1　数据备份的定义和作用

数据备份是指为防止系统出现操作失误或系统故障导致数据丢失，而将全部或部分数据集合从应用主机的硬盘或阵列复制到其他存储介质的过程，其目的是在破坏发生之后，能够恢复原来的数据。

数据备份分为本地备份、网络备份和异地备份。本地备份是将备份文件放在本地的存储介质中，或者直接放在与源数据相同的存储介质中；网络备份一般是使用局域网或者备份网络将数据备份在其他存储介质中；而异地备份则是容灾的基础，将本地重要数据通过网络实时地传送到异地备份介质中，例如位于北京的银行在重庆对数据做容灾备份等。上述的"网络备份"和"异地备份"从名字上区别不大，这里主要为了区分两种不同的备份应用。

在企业信息化进程中，新一代的业务处理系统大多采用数据集中存放、集中处理的大集中先进模式替代原有的多分区多中心、数据分散式存储和处理的方式，这种新模式对于加强企业账务监管、数据共享、新业务的开发和降低计算中心的运营成本有极大的好处。然而这种大集中模式对系统稳定性提出了更高的要求，一旦计算机中心灾难发生，受到影响的将是全国或全省范围的分支机构和几乎所有业务，这必将对企业造成巨大的经济损失、客户流失、声誉受损，甚至有可能引起社会的不安定。

为了保障生产、销售、开发的正常运行，企业用户应当采取先进、有效的措施，对数据进行备份，防范于未然。

8.1.2　需要备份的数据对象

通常计算机上有三种数据需要备份：文件数据、数据库数据及裸设备数据。

1. 文件数据

文件数据通常指操作系统中的文件系统直接管理的数据，它是数据在硬盘上的一种存放格式。我们可以通过 Windows Explorer 看到它的存在。在 Windows 中，一个文件同时只能被一个应用程序读写。这就意味着当文件正被应用访问时，备份软件是不能够读取它并进行备份的。

2. 数据库数据

数据库软件（SQL Server、Oracle、DB2 等）是指以一定的逻辑关系将数据组织起来，便于用户进行各种计算、更新、检索和查询。符合这种逻辑关系的数据叫做数据库数据。它们通常以文件的方式存放在磁盘上，或者直接放到裸设备上，但是文件系统不直接管理它。它们有数据库软件自身进行维护和存取。由于数据库中的数据之间存在着复杂的逻辑关系，且被数据库动态修改，因此当数据库软件正在运行时，不能读取这些数据，即使读出来也不一定能用。所以备份时需要与数据库软件配合，或停掉数据库进程。

3. 裸设备数据

不管是系统文件还是数据库数据，都存放在磁盘上。Windows 提供一种方式可以直接读取磁盘的数据块，而不管它们是什么逻辑关系。这种脱离上层应用的数据叫裸设备数据。

8.2 数据备份系统架构

目前最常见的网络数据备份系统按其架构不同可以分为四种：基于主机（Host-Base）结构、基于局域网（LAN-Base）结构，基于 SAN 结构的 LAN-Free 和 Server-Free 结构。下面分别对这几种架构进行介绍。

8.2.1 Host-Base 结构

Host-Base 结构是最简单的一种备份系统，也称为基于直接附加存储（DAS-Base）的结构。这种方式是将备份数据保存在服务器上直连的磁带机、硬盘、磁盘阵列等介质上，如图 8-2 所示。这种方式下的备份操作往往是通过手工操作方式进行的。DAS 设备的服务对象只是直接连接它的服务器，不会为网络中的主机提供备份服务。

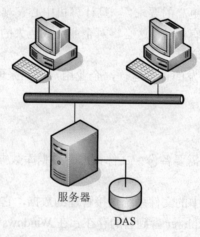

服务器

DAS

图 8-2 Host-Base（DAS-Base）备份结构

Host-Base 结构的备份系统是最简单的数据备份方案，适用于小型企业用户进行简单的文档备份。它的优点是维护简单，数据传输速度快。缺点是可管理的存储设备少，不利于备份系统的共享，不大适合于现在大型的数据备份要求，而且不能提供实时的备份需求。

8.2.2 LAN–Base 结构

LAN-Base 备份结构是小型办公环境最常使用的备份结构。在该系统中，数据的传输是以局域网为基础的，预先配置一台服务器作为备份管理服务器，它负责整个系统的备份操作，将磁带库、磁盘阵列等存储设备连接到服务器上，当需要备份数据时，备份对象把数据通过网络经服务器传输到存储设备中实现备份。显然，这种备份结构可以为网络（LAN）中的所有服务器提供备份服务，而不仅仅管理它的服务器。有时可以使用 NAS 机头代替备份服务器来管理存储设备，为网络上的服务器提供备份服务，如图 8-3 所示。

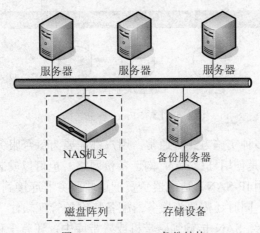

图 8-3　LAN-Base 备份结构

LAN-Base 结构下，备份服务器可以直接接入主局域网内或放在专用的备份局域网内。一般推荐使用后者，因为前者会在备份数据量大的时候占用大量局域网的带宽，导致网络性能下降，而后者能够减少对主局域网的干扰，保证主局域网的正常工作性能。

LAN-Base 备份结构的优点是投资经济、磁带库共享、集中备份管理；它的缺点是对网络传输压力大，当备份数据量大或备份频率高时，局域网的性能下降快，不适合重载荷的网络应用环境。

8.2.3 LAN-Free 结构

为彻底解决基于 LAN-Base 结构的备份方式占用局域网带宽问题时，可以使用基于 SAN 的备份方案。LAN-Free 和 Server-Free 结构的备份系统都是建立在 SAN 基础上的解决方案。

如图 8-4 所示的 LAN-Free 结构是将数据不通过局域网而直接进行备份的，用户只需将磁带机或磁带库等备份设备连接到 SAN 中，各服务器就可以把需要备份的数据直接发送到共享的备份设备上，不必再经过局域网链路。由于服务器到共享存储设备的大量数据传输是通过 SAN 网络进行的，局域网只承担各服务器之间的通信任务，而无须承担数据传输的任务。

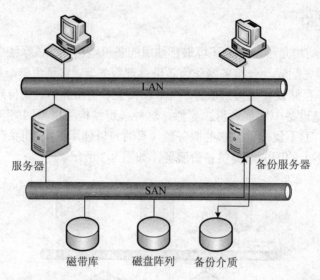

图 8-4　LAN-Free 备份结构

目前，LAN-Free 有多种实施方式。通常，用户都需要为每台服务器配备光纤通道适配器（使用光纤通道接口实际是使用 FC-SAN 构造备份网络，也可以安装网络接口，使用 iSCSI 协议传输数据，也就是使用 IP-SAN），适配器负责把这些服务器连接到与一台或多台磁带机（或磁带库）相连的 SAN 上。同时还需要为服务器配备特定的管理软件，通过它，系统能够把块格式的数据从服务器内存经 SAN 传输到磁带机或磁带库中。还有一种常用的 LAN-Free 实施办法，在这种结构中，主备份服务器上的管理软件可以启动其他服务器的数据备份操作。块格式的数据从磁盘阵列通过 SAN 传输到临时存储数据的备份服务器的内存中，之后再经 SAN 传输到磁带机或磁带库中。

尽管 LAN-Free 技术与 LAN-Base 技术相比有很多优点，但 LAN-Free 技术也存在明显不足：首先，它仍然让服务器参与了将备份数据从一个存储设备转移到另一个存储设备的过程，在一定程度上占用了服务器宝贵的 CPU 处理时间和服务器内存。另外，LAN-Free 技术的恢复能力很一般，它非常依赖用户的应用。

许多产品并不支持文件级或目录级恢复，整体的映像级恢复就变得较为常见。映像级恢复就是把整个映像从磁带复制回到磁盘上，如果我们需要快速恢复系统中某些少量文件，整个操作将变得非常麻烦。此外，不同厂商实施的 LAN-Free 机制各不相同，这将导致备份过程所需的系统之间出现兼容性问题。LAN-Free 的实施比较复杂，而且往往需要大额的软、硬件采购费。

总之，LAN-Free 的优点是数据备份统一管理、备份速度快、网络传输压力小、磁带库资源共享；缺点是少量文件恢复操作繁琐、服务器压力大、技术实施复杂、投资较高。

8.2.4 Server-Free 结构

Server-Free 结构是在 LAN-Free 结构上的改进，在解放局域网的基础上，进一步解放了服务器，可称之为"无服务器"备份技术。需要注意的是，备份服务器还是需要的，只是减少了大量数据缓存的工作，Server-Free 可使数据能够在 SAN 结构中的两个存储设备之间直接传输，通常是在磁盘阵列和磁带库之间。如图 8-5 所示，这种方案的主要优点是不需要在服务器中缓存数据，显著减少对服务器 CPU 的占用，提高操作系统工作效率，帮助企业完成更多的工作。

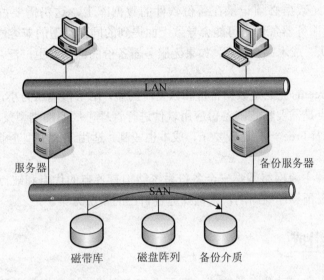

图 8-5　Server-Free 备份结构

与 LAN-Free 一样，无服务器备份也有几种实施方式。通常情况下，备份数据通过名为数据移动器的设备从磁盘阵列传输到磁带库上。该设备可能是光纤通道交换机、存储路由器、智能磁带、磁盘设备或者是服务器。数据移动器执行的命令其实是把数据从一个存储设备传输到另一个设备。实施这个过程的一种方法是借助于 SCSI-3 的扩展复制命令，它使服务器能够发送命令给存储设备，指示后者把数据直接传输到另一个设备，不必通过服务器内存。数据移动器收到扩展复制命令后，执行相应功能。

另一种实施方法就是利用网络数据管理协议（NDMP）。这种协议实际上为服务器、备份和恢复应用及备份设备等部件之间的通信充当一种接口。在实施过程中，NDMP 把命令从服务器传输到备份应用中，而与 NDMP 兼容的备份软件会开始实际的数据传输工作，且数据的传输并不通过服务器内存。NDMP 的目的在于方便异构环境下的备份和恢复过程，并增强不同厂商的备份和恢复管理软件以及存储硬件之间的兼容性。

无服务器备份与 LAN-Free 备份有着诸多相似的优点。如果是无服务器备份，源设备、目的设备及 SAN 设备是数据通道的主要部件。虽然服务器仍然需要参与备份过程，但负担已大大减轻，因为它的作用基本上类似于交通警察，只用于指挥，不用于装载和运输，不是主要的备份数据通道。

无服务器备份技术具有缩短备份及恢复所用时间的优点。因为备份过程在专用高速存储网络上进行，而且决定吞吐量的是存储设备的速度，而不是服务器的处理能力，所以系统性能将大为提升。此外，如果采用无服务器备份技术，数据可以数据流的形式传输给多个磁带库或磁盘阵列。

至于缺点，虽然服务器的负担大为减轻，但仍需要备份应用软件（以及其主机服务器）来控制备份过程。元数据必须记录在备份软件的数据库上，这仍需要占用 CPU 资源。与 LAN-Free 一样，无服务器备份也可能会导致上面提到的同样类型的兼容性问题。而且，无服务器备份可能难度大、成本高。最后，如果无服务器备份的应用要更广泛，恢复功能方面还有待改进。

总之，Server-Free 的优点是数据备份和恢复时间短，网络传输压力小，便于统一管理和备份资源共享；其缺点是需要特定的备份应用软件进行管理，厂商的类型兼容性问题需要统一，并且实施起来与 LAN-Free 一样比较复杂，成本也较高，适用于大中型企业进行海量数据备份管理。

前面提到的四种主流网络数据安全备份系统结构有各自的优点和缺点，用户需要根据自己的实际需求和投资预算仔细斟酌，来选择适合自己的备份方案。

8.3 备份系统组成

数据备份一般采取自动化备份方式，即无人值守方式，因为人是容易开小差、犯错的，而机器只要不出故障就是很可靠的。一个数据备份系统由以下几个部分组成。

1. 备份客户端

需要备份数据的任何计算机都称为备份客户端。通常是指应用程序、数据库或文件服务器。备份客户端也用来表示能从在线存储器上读取数据，并将数据传送到备份服务器的软件组件。

2. 备份服务器

将数据复制到各类介质并保存历史备份信息的计算机系统称为备份服务器。备份服务器通常分成主备份服务器和介质服务器两类。

3. 备份存储单元

备份存储单元包括数据磁带、磁盘、光盘或磁盘阵列。通常由介质服务器控制和管理。备份是主备份服务器、备份客户端和介质服务器三方协作的过程。

4. 备份管理软件

备份硬件是完成备份任务的基础，而备份软件则关系到是否能够将备份硬件的优良特性完全发挥出来。必须采用具有可靠的硬件产品与具有在线备份功能的自动备份软件（在使用磁带库的时代，要求磁带库能够自动加载）。

8.4 数据备份方式和策略

8.4.1 数据备份方式

数据备份主要有三大方式：完全备份、增量备份及差异备份。

1. 完全备份

完全备份（Full Backup）是将需要备份的所有数据、系统和文件完整地备份到备份存储介质中。备份系统不会检查自上次备份后，档案有没有被改动过；它只是机械性地将每个档案读出、写入，不管档案有没有被修改过。备份全部选中的文件及文件夹，并不依赖文件的存盘属性来确定备份哪些文件。

每个档案都要被写到备份装置上，这是我们不会一味采取完全备份的原因。这表示即使所有档案都没有变动，还是会占据许多存储空间。如果完整的备份文件要占据 50GB 的存储空间，而每天发生改变的文件几十 MB，每次备份却要将 50GB 的内容做完全备份，显然太浪费时间和空间，且没有必要。

2. 增量备份

增量备份（Incremental Backups）是备份自上一次备份（包含完全备份、差异备份和增量备份）之后有变化的数据，每次的备份只需备份与前一次相比增加或者被修改的文件。这就意味着，第一次增量备份的对象是进行完全备份后所产生的增加和修改的文件；第二次增量备份的对象是进行第一次增量备份后所产生的增加和修改的文件，依此类推。这种备份方式最显著的优点就是：没有重复的备份数据，因此备份的数据量不大，备份所需的时间很短。但增量备份的数据恢复是比较麻烦的。必须具有上一次完全备份和所有增量备份磁带（一旦丢失或损坏其中的一盘磁带，就会造成恢复的失败），并且它们必须沿着从完全备份到依次增量备份的时间顺序逐个反推恢复，因此这就极大地延长了恢复时间。

要避免复原一个又一个的递增数据，提升数据恢复的效率，把增量备份的方法稍微改变一下就变成了"差异备份"。

3. 差异备份

差异备份（Differential Backup）是指在一次完全备份后到进行差异备份的这段时间内，对那些增加或者修改文件的备份。在进行恢复时，只需对第一次完全备份和最后一次差异备份进行恢复。差异备份在避免了另外两种备份策略缺陷的同时，又具备了它们各自的优点。首先，它具有了增量备份需要时间短、节省磁盘空间的优势；其次，它又具有了完全备份恢复所需磁带少、恢复时间短的特点。

差异备份的大小会随着时间而不断增加（假设在完全备份时，每天修改的档案都不一样）。以备份空间与速度来说，差异备份介于增量备份与完全备份之间；但不管是复原一个档案还是整个系统，速度通常比完全备份和增量备份快（因为要搜寻/复原的磁盘数目比较少）。

基于这些特点，差异备份是值得考虑的方案，增量备份与差异备份技术在部分中高端的网络附加存储设备（如 IBM、HP 及自由遁等品牌的部分产品的附带软件）中已内置。

8.4.2　数据备份策略

数据备份策略是指确定需要备份的内容、备份时间及备份方式。

选择合适的备份频率（如经常备份、有规律备份，做了结构上的修改应及时备份等）。尽量采用定时器、批处理等由计算机自动完成的方式，以减少备份过程中的手工干预，防止操作人员的漏操作或误操作。

根据数据的重要性可选择一种或几种备份交叉的形式制定备份策略。

若数据量比较小、数据实时性不强或者是只读的，备份的介质可采用磁盘或光盘。在备份策略上可执行每天一次数据库增量备份，每周进行一次完全备份。备份时间尽量选择在晚上等服务器比较空闲的时间段进行，备份数据要妥善保管。

就一般策略来说，当对数据的实时性要求较强或数据的变化较多，且数据需要长期保存时，备份介质可采用磁带或磁盘。在备份策略上可选择每天两次，甚至每小时一次的数据完全备份或事务日志备份。为了把灾难损失降到最低，备份数据应保存一个月以上。另外，每当存储数据的数据库结构发生变化，或进行批量数据处理前应做一次数据库的完全备份，且这个备份数据要长期保存。数据备份也可以考虑光盘备份。

当实现数据库文件或者文件组备份策略时，应时常备份事务日志。当巨大的数据库分布在多个文件上时，必须采用这种策略。

备份数据的保管和编册记录是防止数据丢失的另一个重要方法。为了避免数据备份进度的混乱，应清楚记录所有步骤，并为实施备份的所有备份人员提供此类信息，以免发生问题时因忙乱找不到应使用的备份数据。数据备份与关键应用服务器最好是分散保管在不同的地方，通过网络进行数据备份。定时清洁及维护磁带机或光盘。把磁带和光盘放在合适的地方，避免将磁带和光盘放置在过热和潮湿的环境中。备份的磁带和光盘最好只允许网络管理员和系统管理员访问。要完整、清晰地做好备份磁带和光盘的标签。

对需要备份的数据，可以采用完全备份、增量备份、差异备份或按需备份这 4 种方式中的一种或者几种的组合。

无论是采用哪种容灾方案，数据备份还是最基础的，没有备份的数据，任何容灾方案都没有现实意义。但只有备份是不够的，容灾也必不可少。容灾对于数据中心而言，就是提供一个能防止各种灾难的计算机信息系统。

8.5　项目实训

通过对医院数据备份需求的分析，我们设计的方案如图 8-1 所示，图中将医院的各应用服务器（HIS 系统、PACS 系统等）和专用备份服务器连接到备份网络中，构建存储区域网络，备份服务器管理备份介质（磁盘阵列），采用 Server-Free 的方式进行数据备份。

实训中使用的备份软件是赛门铁克的产品 Symantec Backup Exec 2012。该软件提供 60 天的免费试用期，完全能够满足课堂教学和实训要求。

8.5.1 任务 1：安装 Symantec Backup Exec

1. 安装主备份服务器

注：安装 Backup Exec 2012，需要先安装 Dotnet 4.1 及 IIS 等组件，并需要重启服务器。

（1）单击"安装"按钮，安装"Backup Exec"BE 服务器软件，如图 8-6 所示。

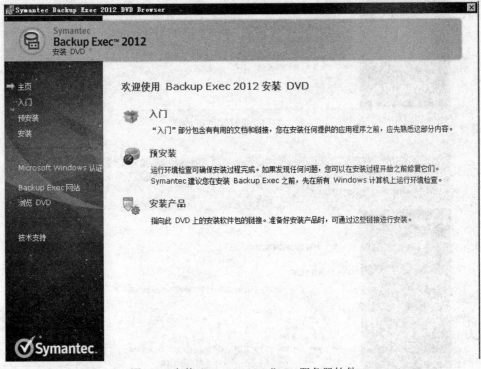

图 8-6 安装"Backup Exec"BE 服务器软件

（2）同意授权许可协议，如图 8-7 所示。

（3）选中"典型安装"单选按钮，如图 8-8 所示。

（4）检查安装环境是否通过，如图 8-9 所示。

（5）在输入"序列号"时，不输入，默认试用 60 天，如图 8-10 所示。

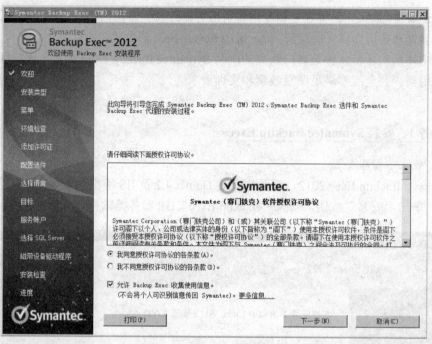

图 8-7　同意授权许可协议

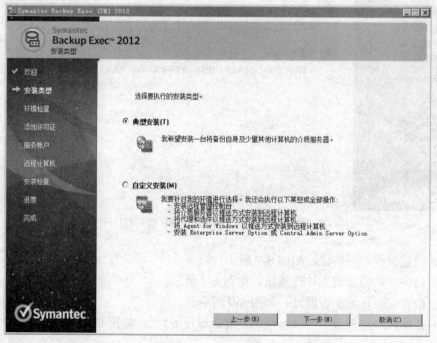

图 8-8　典型安装

图 8-9　安装环境检查

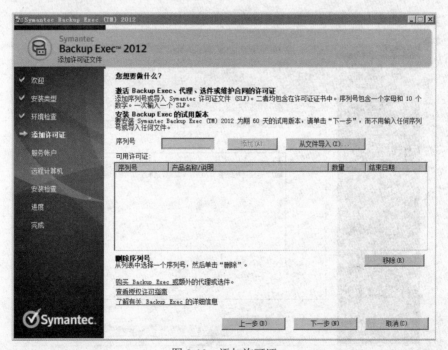

图 8-10　添加许可证

（6）输入本地管理员或者域管理员账户和密码，如图8-11所示。

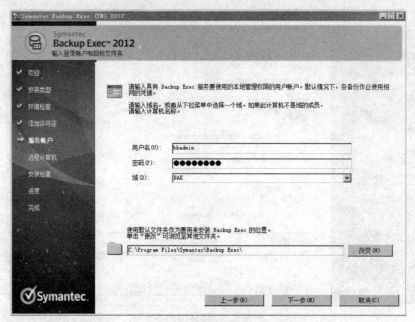

图8-11 服务账户

（7）选择是否添加客户端，不选可以在后面手动添加，如图8-12所示。

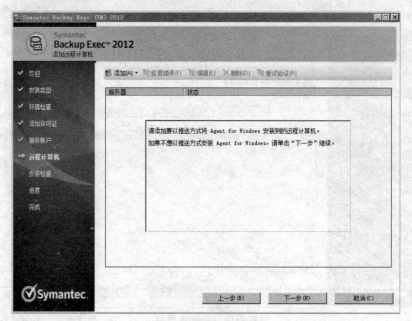

图8-12 远程计算机

（8）确认内容，开始安装，如图 8-13 所示。

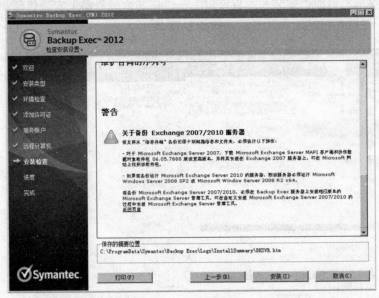

图 8-13　安装检查

（9）大约 20 分钟，安装完毕，如图 8-14 所示。

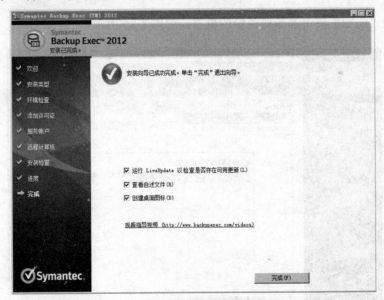

图 8-14　安装完毕

2. 安装客户端（远程安装）

注：安装 Backup Exec 2012 前，需要先安装 Dotnet 4.1 及 IIS 等组件，并需要重启服务器。

（BE 2012 远程推送安装会自动安装 Dotnet 4.1）。

（1）单击菜单栏中的"安装和授权许可"→"在其他服务器上安装代理和 Backup Exec 服务器"命令，打开远程推送安装界面，如图 8-15 所示。

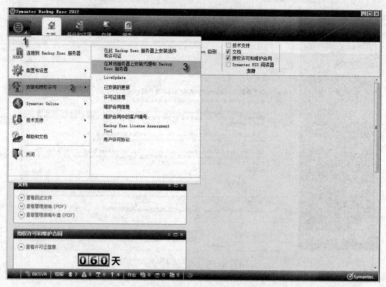

图 8-15　安装和授权许可

（2）单击"添加"按钮添加要备份的机器，如图 8-16 所示。

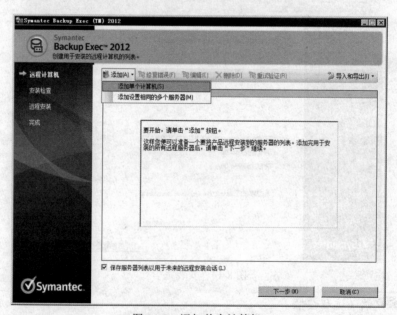

图 8-16　添加单个计算机

（3）选择要安装的产品——备份客户端软件"Agent for Windows"，如图 8-17 所示。

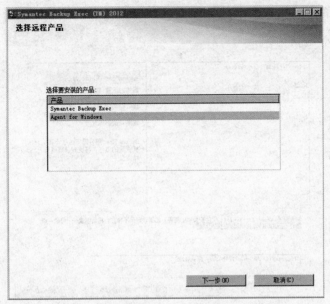

图 8-17　选择安装产品——备份客户端软件

（4）填写机器名称和本地或者域管理员账户密码。重复以上步骤可同时添加多个客户端，如图 8-18 所示。

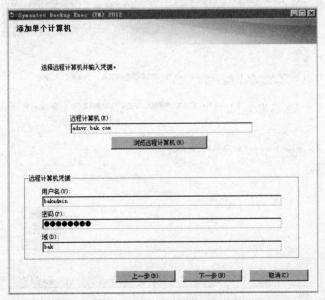

图 8-18　填写远程计算机凭据

（5）选择安装组件，如图 8-19 所示。

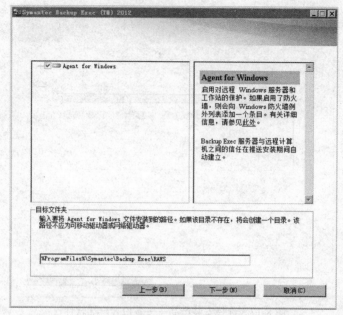

图 8-19　选择安装组件

（6）允许客户端发布和连接备份服务器，如图 8-20 所示。

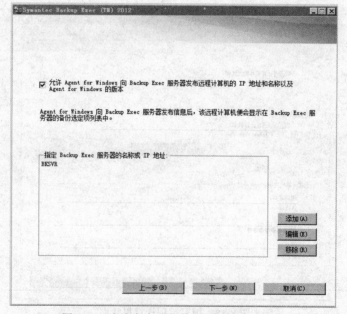

图 8-20　允许客户端发布和连接备份服务器

（7）验证账户和连接，通过后开始正式安装，如图 8-21 所示。

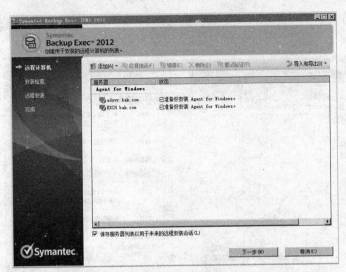

图 8-21　创建用于安装的远程计算机的列表

8.5.2　任务 2：Backup Exec 2012 实现 SQL Server 备份配置

（1）右击要备份的服务器，在弹出的快捷菜单中选择"备份"→"备份至磁盘"命令，如图 8-22 所示。

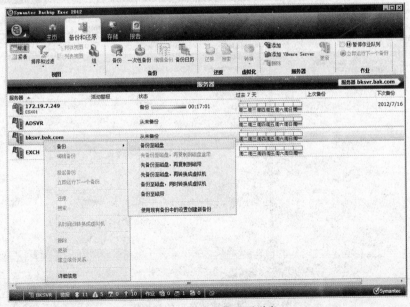

图 8-22　备份服务器至磁盘

（2）单击"编辑"按钮。选择数据源，选择数据库图标，如图 8-23 所示。

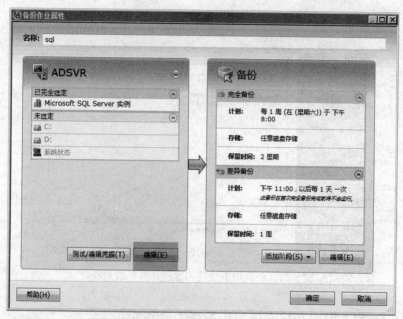

图 8-23　查看备份作业属性

（3）勾选需要备份的数据库，如图 8-24 所示。

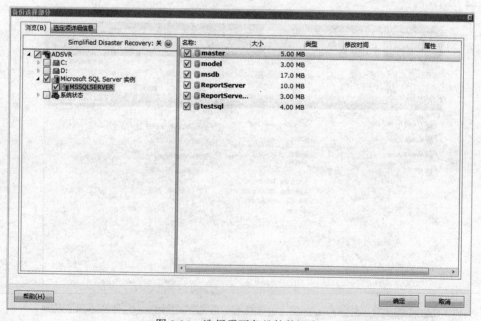

图 8-24　选择需要备份的数据库

（4）测试，如图 8-25 所示。

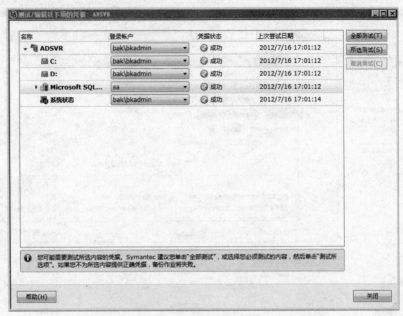

图 8-25　测试备份数据库的凭据

（5）配置完全备份，如图 8-26 所示。

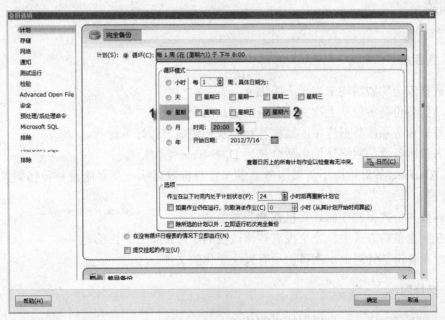

图 8-26　配置完全备份

（6）配置差异备份，如图 8-27 所示。

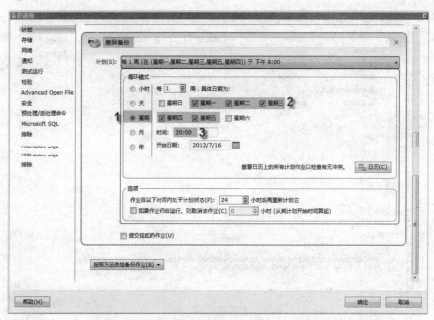

图 8-27　配置差异备份

综合训练

一、判断题

1. 数据安全的威胁均来自于人为因素。（　　）
2. 增量备份是备份从上次完全备份后更新的全部数据文件。（　　）
3. 重要业务系统数据库中的数据往往是我们最需要做好备份的。（　　）
4. 大量服务器的网络环境中适合使用 DAS-Base 结构做备份。（　　）
5. LAN-Free 备份结构不需要服务器参与将备份数据从一个存储设备转移到另一个存储设备的过程。（　　）
6. 需要备份数据的任何计算机都称为备份客户端。（　　）
7. 在完全备份方式中，完全没有被修改过的文件是不会备份的。（　　）
8. 增量备份是针对上一次备份后有发生变化的文件。（　　）

二、选择题

1. 下列不属于完全备份机制特点的是（　　）。

A．每次备份的数据量较大　　　　B．每次备份所需的时间较长

C．不能进行得太频繁　　　　　　D．需要的存储空间小

2．下面不属于数据安全备份软件实现的策略是（　　）。

A．全备份　　　B．增量备份　　　C．差异备份　　　D．手工备份

3．下面对于 LAN-Based 备份结构优点的描述中，不正确的是（　　）。

A．投资经济　　　　　　　　　　B．磁带库共享

C．集中备份管理　　　　　　　　D．网络传输压力小

4、下列属于 Server-Free 优点的是（　　）。（多选）

A．数据备份和恢复时间短　　　　B．不需要特定的备份应用软件进行管理

C．便于统一管理和备份资源共享　D．网络传输压力小

5．数据备份策略要确定（　　）。（多选）

A．备份内容　　　B．备份时间　　　C．备份地点　　　D．备份方式

三、思考题

1．比较 LAN-Base 和 LAN-Free 两种方式的不同，说明各自的应用环境。

2．本章 8.2 节介绍的各种备份系统架构与上一章学习的网络数据存储方式有什么联系？侧重点有什么不同？

3．数据备份是为数据恢复做准备，请思考数据恢复一般有哪些指标性要求。

技能拓展

【背景描述】

某公司业务繁杂，拥有大量的服务器，这些服务器对公司的正常运作意义重大，为了有效地进行保护数据，公司决定采用赛门铁克数据备份软件。使用一台备份服务器为 5 台应用服务器提供备份服务；存储介质使用磁盘阵列；构建备份专用网络，使用 FC 通道传输数据。

【任务需求】

1．根据背景描述，绘制网络拓扑图。

2．安装 Symantec Backup 主服务器和介质服务器软件。

3．以管理员身份登录 Symantec Backup 主服务器，实现 SQL Server 备份配置。

参考文献

[1] 武春岭，李贺华. 信息安全产品配置与应用. 北京：电子工业出版社，2010.

[2] 徐国爱. 网络安全. 北京：北京邮电大学出版社，2004.

[3] 黄世权. 网络存储安全分析. 计算机技术与发展，2009 年 5 月.

[4] 鲜永菊. 入侵检测. 西安：西安电子科技大学出版社，2009.

[5] 曹元大. 入侵检测技术. 北京：人民邮电出版社，2007.

[6] （美）Mark Lucas 等著. 防火墙策略与 VPN 配置. 谢琳等译. 北京：中国水利水电出版社，2008.

[7] （美）Stallings.W 著. 网络安全基础应用与标准. 白国强等译. 北京：清华大学出版社，2007.

[8] 谭方勇. 网络安全技术实用教程. 北京：中国电力出版社，2008.

[9] 张同光. 信息安全技术实用教程. 北京：电子工业出版社，2008.